建筑工人岗位培训教材

安 装 钳 工

本书编审委员会　编写

郭卫平　主编

U0249929

中国建筑工业出版社

图书在版编目（CIP）数据

安装钳工/《安装钳工》编审委员会编写. —北京：中国建筑工业出版社，2018.6
建筑工人岗位培训教材
ISBN 978-7-112-22288-9

Ⅰ.①安… Ⅱ.①安… Ⅲ.①安装钳工-岗位培训-教材 Ⅳ.①TG946

中国版本图书馆 CIP 数据核字(2018)第 114058 号

本书是根据《建筑工程安装职业技能标准》JGJ/T 306—2016 对工人的等级要求结合现行行业标准、规范、"四新技术"等内容编写，教材以中级工（四级）为主要培训对象，同时兼顾高级工（三级）、初级工（五级）的培训要求编写的安装钳工培训教材。书中重点突出安装钳工操作技能的训练要求，辅以适当的理论知识。文字通俗易懂、逻辑清晰、表述规范，图文并茂，适合现代工人培训及学习使用。

责任编辑：高延伟　李　明　李　慧
责任校对：党　蕾

建筑工人岗位培训教材
安装钳工
本书编审委员会　编写
郭卫平　主编

＊

中国建筑工业出版社出版、发行（北京海淀三里河路 9 号）
各地新华书店、建筑书店经销
北京红光制版公司制版
北京建筑工业印刷厂印刷

＊

开本：850×1168 毫米　1/32　印张：6⅝　字数：176 千字
2018 年 8 月第一版　2018 年 8 月第一次印刷
定价：**20.00** 元
ISBN 978-7-112-22288-9
（32113）

建筑工人岗位培训教材
编审委员会

主　任：沈元勤

副主任：高延伟

委　员：（按姓氏笔画为序）

王云昌	王文琪	王东升	王宇旻	王继承
史　方	仝茂祥	达　兰	危道军	刘　忠
刘长龙	刘国良	刘晓东	江东波	杜　军
杜绍堂	李　志	李学文	李建武	李建新
李斌汉	杨　帆	杨　博	杨　雄	吴　军
宋喜玲	张永光	陈泽攀	周　鸿	周啟永
郝华文	胡本国	胡先林	钟汉华	宫毓敏
高　峰	郭　星	郭卫平	彭　梅	蒋　卫
路　凯				

出　版　说　明

　　国家历来高度重视产业工人队伍建设，特别是党的十八大以来，为了适应产业结构转型升级，大力弘扬劳模精神和工匠精神，根据劳动者不同就业阶段特点，不断加强职业素质培养工作。为贯彻落实国务院印发的《关于推行终身职业技能培训制度的意见》（国发〔2018〕11号），住房和城乡建设部《关于加强建筑工人职业培训工作的指导意见》（建人〔2015〕43号），住房和城乡建设部颁发的《建筑工程施工职业技能标准》、《建筑工程安装职业技能标准》、《建筑装饰装修职业技能标准》等一系列职业技能标准，以规范、促进工人职业技能培训工作。本书编审委员会以《职业技能标准》为依据，组织全国相关专家编写了《建筑工人岗位培训教材》系列教材。

　　依据《职业技能标准》要求，职业技能等级由高到低分为：五级、四级、三级、二级、一级，分别对应初级工、中级工、高级工、技师、高级技师。本套教材内容覆盖了五级、四级、三级（初级、中级、高级）工人应掌握的知识和技能。二级、一级（技师、高级技师）工人培训可参考使用。

本系列教材内容以够用为度，贴近工程实践，重点突出了对操作技能的训练，力求做到文字通俗易懂、图文并茂。本套教材可供建筑工人开展职业技能培训使用，也可供相关职业院校实践教学使用。

为不断提高本套教材的编写质量，我们期待广大读者在使用后提出宝贵意见和建议，以便我们不断改进。

本书编审委员会

2018 年 6 月

前　　言

为提高建筑工人职业技能水平以适应新时代建筑业发展要求，根据住房和城乡建设部发布的行业标准《建筑工程安装职业技能标准》JGJ/T 306—2016，编写本《安装钳工》教材。

安装钳工是建筑工程施工中的重要一员，是指使用机具和检测仪器，进行设备安装、调试，并加工所需零、部件的操作人员。安装钳工应通晓建筑工程的各种专业知识，具有技术要求高、知识面广、动手能力强等特点。

本教材主要内容共有七章，包括安装钳工机械识图、安装钳工基础知识、安装钳工岗位操作技能、机械零部件装配、设备安装工艺基础、建筑工程常见的设备安装和安装钳工作业安全技术规程，另附习题。

本教材以中级安装钳工（四级）为主要培训对象，同时兼顾对初级安装钳工（五级）和高级安装钳工（三级）的培训要求。充分考虑自我学习和技能培训的需要，本教材简明扼要地阐述了安装钳工必须掌握的基础知识，重点突出了安装钳工的操作技能。内容深入浅出，通俗易懂、图文并茂。本教材是建筑安装钳工职业技能考核的必备教材，也适应安装钳工自学以及相关专业人员参考使用。

本教材由具有"石油化工工程施工总承包特级"和"市政公用工程施工总承包特级"等资质的陕西建工安装集团有限公司组织编写。

本教材主编为：郭卫平，高级工程师，陕西建工安装集团有限公司第四工程公司总工程师；副主编分别为：李兴武，教授级高级工程师，陕西建工安装集团有限公司技术中心副主任；郭峰祥，教授级高级工程师，陕西建工安装集团副总工程师。

本教材在编写中得到陕西建工安装集团有限公司、安徽省建设干部学校和陕西省住建厅继续教育中心的大力支持，并且在编写过程中参考了大量相关教材和资料，对这些教材和资料的编、作者，在此也一并表示感谢。

本教材编写工作技术性较强，编写的专家虽付出了艰苦的努力，但因编者专业水平和实践经验有限，难免出现一些疏漏或不妥之处，恳求广大读者提出宝贵意见和建议，以便今后修订完善。

目　　录

一、安装钳工机械识图

（一）机械零件图

1. 视图

表示物体的形状可用立体图，如图 1-1 所示是组合夹具中一个零件的立体图。这种图形和照片差不多，立体感强。立体图一般不在加工图中出现，但由于立体感强，可以作为加工图的补充说明。

图 1-2(*d*) 是加工中广泛采用的一种图形表示方法。

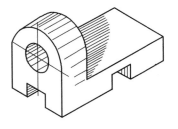

这种表示物体形状的方法，是我们对着物体从不同方向看而画出来的图样，即所谓视图的方法（图 1-2）。

图 1-1　镗孔支承的立体图

利用视图能完整地表示物体各个面的形状。在视图上标上尺寸、公差、粗糙度和加工的技术要求等，就是我们在生产中所使用的图样。如用来表示单个零件的图样，就称为零件图（图 1-3）；用来表示若干零件装配在一起的图样，就称为装配图。

2. 两面视图

两面视图的例子如图 1-4 所示。该物体形状比较简单，但用一面视图不能全部表述它的形状和尺寸，因此，必须用两面视图来表示。按主视方向在正面投影所获得的平面图形叫主视图，在左侧方向投影所获得的平面图形叫左视图。为了将两视图构成一个平面，按标准规定，正面不动，左侧面转 90°，这样构成了一个完整的两面视图。从两面视图中，可以清楚地看出，主视图表

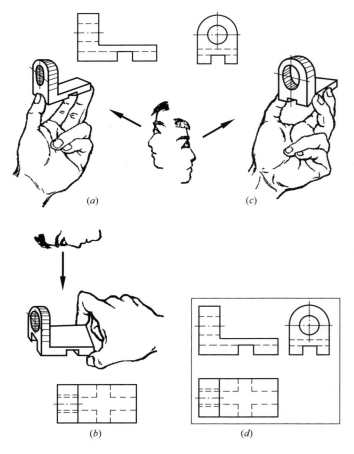

图 1-2 镗孔支承的三种视图

示了物体的长度和高度，左侧视图表示了物体的高度和宽度。

3. 三面视图

对于比较复杂的物体，只有两面视图不能全部反映物体的形状和尺寸，还需要增加一面视图，这就是由三个相互垂直的投影面构成的投影体系所获得的三面视图。俯视方向在水平面投影所获得的平面图形，叫俯视图，如图 1-5 所示。

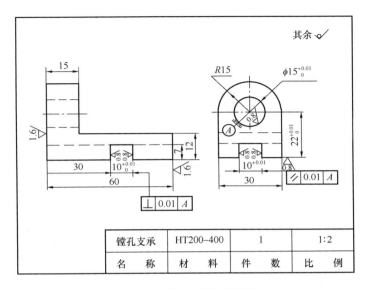

镗孔支承	HT200-400	1	1:2
名　　称	材　　料	件　数	比　　例

图 1-3　镗孔支承的零件图

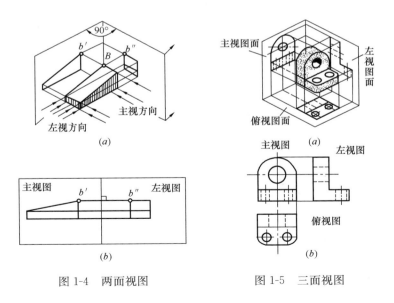

图 1-4　两面视图　　　　图 1-5　三面视图

物体在三个相互垂直平面上的投影（即物体在三个方向上的视图），是具有一定规律的。即，三视图之间必然保持有下面的投影关系：

主视图和俯视图，长对正；

主视图和左视图，高平齐；

俯视图和左视图，宽相等。

简单讲，就是三视图具有"长对正、高平齐、宽相等"的投影关系（图 1-6）。这是我们绘制和识读图样时所遵循的最基本的投影规律，必须深刻理解。

4. 剖视图

许多机械零件中具有不同形状的空腔部位。因此，在视图中有许多虚线，使内外形状重叠，虚、实线交错，影响视图的清晰，给识图造成一定的困难。为此，国家标准中采用了剖视图的方法，来清晰表示零件的形状和尺寸。

剖视图就是假想用一剖切平面，在适当部位把机械零件切开。移去前半部分，余下部分按正投影的方法得到的视图，称为剖视图，如图 1-7 所示。

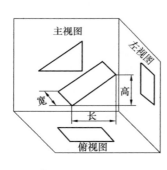

图 1-6　三角块的尺寸关系

图 1-7　剖视图

5. 零件图的识读

识读图样是安装钳工干好工作提高技能的重要前提，也是学习投影原理及零件表达方法的目的之一。

（1）零件图的内容

零件图作为指导加工和检验的依据，必须具备从反映零件形状大小到加工检验过程中各种技术说明等功能。因此，一般的零件图都应包括以下内容：

一组视图。选用必要的表达方法，正确、完整、清晰地反映零件结构形状。

足够的尺寸。标出正确、完整、清晰、合理的尺寸，以满足制造及检验的需要。

技术要求。利用符号及文字说明，反映出零件加工、检验时的工艺要求。

标题栏。填写包括零件名称、材料、数量、图号、比例以及设计、制图、审核人员签名及日期等内容。

（2）零件图的尺寸分析

对视图进行辨识时，应对零件图的尺寸进行分析。一般可将尺寸分为三类：①定形尺寸用以反映零件各组成部分的大小；②定位尺寸用以确定各部分间的相互位置关系；③总体尺寸用以确定零件外形大小。通过尺寸分析，即可比较全面地了解零件的结构形状大小。

基准是零件上用来确定其他点、线、面位置所依据的那些点、线、面。按其功用不同，基准可分为设计基准和工艺基准两大类。

设计基准是指在零件图上用以确定其他点、线、面位置的基准。

工艺基准是指零件在加工和装配过程中所用的基准。按其用途不同，又分为装配基准、测量基准、定位基准和工序基准。

1）装配基准是指装配时用以确定零件在部件和产品中位置的基准。

2）测量基准是指用以测量已加工表面尺寸及位置的基准。

3）定位基准是指加工时，使工件在机床或夹具占据正确位置所用的基准。

4）工序基准是指在工序图上用来确定本工序被加工表面加工后的尺寸、形状和位置精度的基准。

（3）零件图识读的方法及步骤

了解标题栏。根据标题栏各项内容，可以了解零件的名称、材料以及零件的大致用途。

分析视图。想象零件的结构形状。

分析尺寸。明确各部分的大小。

看懂技术要求。明确加工及检查各项质量指标。

（二）机械装配图

表达部件或整机及其组成部分的连接、装配关系的图样，称为装配图。

1. 装配图的主要内容

一张装配图要表示部件或整机的工作原理、结构特点以及装配关系等，需要有如下内容：一组视图、一组尺寸、技术要求、零件编号、明细栏和标题栏。

（1）装配图的规定画法

1）相邻零件的接触表面和配合表面只画一条粗实线，不接触表面和非配合表面应画两条粗实线。

2）两个（或两个以上）零件相互邻接时，剖面线的倾斜方向应当相反，或者以不同间隔画出。

3）同一零件在各视图中的剖面线方向和间隔必须一致。

4）当剖切平面通过螺钉、螺母、垫圈等标准件及实心件（如轴、键、销等）基本轴线时，这些零件均按不剖绘制，当其上孔、槽需要表达时，可采用局部剖视。当剖切平面垂直这些零件的轴线时，则应画剖面线。

（2）装配图的尺寸标注

装配图一般应标注下列几方面的内容：

1）特性、规格尺寸：表明部件或整机的性能或规格的尺寸。

2）配合尺寸：表示零件间配合性质的尺寸。

3）安装尺寸：将零件安装到其他部件或基座上所需要的尺寸。

4）外形尺寸：表示部件或整机的总长、总宽和总高的尺寸。

5）相对位置尺寸：表示装配图中零件或部件之间的相对位置。

6）主要尺寸：部件或整机中的一些重要尺寸，如滑动轴承的中心高度等。

（3）明细栏

明细栏是部件或整机的全部零件或部件目录，列出零件或部件的编号、名称、材料、数量等，明细表栏应紧靠在标题栏的上方，由下向上顺序填写零件或部件编号。

2. 装配图的识图方法和步骤

读装配图，最主要的是要清楚设备的用途、工作原理和各个零件间的关系，进而了解设备的装配（或拆卸）顺序，以便在进行装配、维修和使用时，做到心中有数。

看装配图和看零件图的方法步骤基本类似，但装配图不同于零件图的特殊点在于装配图是由多个零件装在一起画成的图，看图时就要设法将它们相互分开，从而搞清楚它们之间的连接关系等。怎样才能将它们相互分开呢？可从以下三个方面将装配图上的零件分开：

（1）从剖面线上区分。因为装配图上相邻两个零件的剖面线方向不同，或者方向相同但间隔不同。同一个零件的剖面线在不同视图中应一样。根据这些可以区分出一些零件来。

（2）按实心零件不剖的规定来区分。因为在装配图中，实心零件（如轴、螺栓、螺母、销、键等）被剖到以后，仍做没有剖到处理，根据这点可以区分出轴和装在轴上的各种零件，或者区分出螺栓和被连接的零件。

（3）根据零件编号结合上面两点，就可以将装配图中各个零件区分开来，然后弄清它们相互之间的连接关系，就可看懂装配图了。

（三）一般电气原理图

电气原理图是用来表明设备电气的工作原理、各电器元件的作用和相互关系的一种表示方式。安装钳工掌握电气原理图的识读方法和技巧，对于分析电气线路，排除设备电路故障是十分有益的。

电气原理图采用电器元件展开形式绘制。它包括所有电器元件的导电部件和接线端子，但并不按照电器元件的实际布置位置来绘制，也不反映电器元件的实际大小。

电气原理图一般分主电路和辅助电路（控制电路）两部分。

主电路是电气控制线路中大电流通过的部分，包括从电源到电机之间的电器元件；一般由组合开关、主熔断器、接触器主触点、热继电器的热元件和电动机等组成。

辅助电路是控制线路中除主电路以外的电路，其通过的电流比较小。辅助电路包括控制电路、照明电路、信号电路和保护电路。其中控制电路是由按钮、接触器和继电器的线圈及辅助触点、热继电器触点、保护电器触点等组成。

电气原理图中电器元件的布局原则，主电路安排在图面左侧或上方，辅助电路安排在图面右侧或下方。无论主电路还是辅助电路，均按功能布置，尽可能按动作顺序从上到下，从左到右排列。

电气原理图中，当同一电器元件的不同部件（如线圈、触点）分散在不同位置时，为了表示是同一元件，要在电器元件的不同部件处标注统一的文字符号。对于同类器件，要在其文字符号后加数字序号来区别。如两个接触器，可用 KM1、KM2 文字符号区别。电气原理图中，所有电器的可动部分均按没有通电或没有外力作用时的状态画出。对于继电器、接触器的触点，按其线圈不通电时的状态画出；控制器按手柄处于零位时的状态画出；对于按钮、行程开关等触点按未受外力作用时的状态画出。

下面结合图 1-8 控制给水泵的电气原理图介绍给水泵的动作过程。

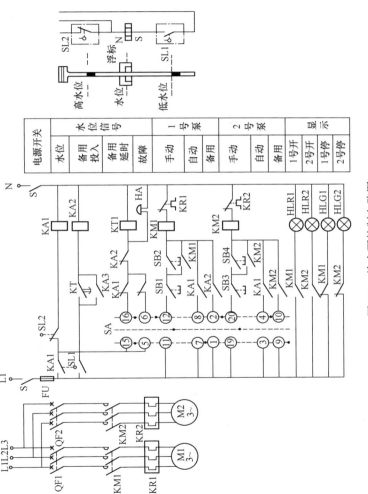

图 1-8 给水泵控制电路图

水泵准备运行时，电源开关 QF1、QF2、S 均合上，SA 为转换开关，其手柄旋转位置有三档，共 8 对触点。

当 SA 手柄在中间位置时，（11-12）、（19-20）两对触点接通，水泵为手动控制，用启动按钮（SB2、SB4）和停止按钮（SB1、SB3）来控制两台水泵的运行和停止，两台水泵不受水位控制器控制。

当 SA 手柄扳向左侧时，（15-16）、（7-8）、（9-10）三对触点闭合，1 号水泵为常用泵，2 号水泵为备用泵，电路受水位控制器控制。当水位下降到低水位时，浮标磁环降到 SL1 处，使 SL1 动合触点闭合，KA1 通电自锁，KA1 动合触电闭合，KM1 通电，铁心吸合，主触点闭合，1 号水泵启动，运行送水。当水箱水位上升到高水位时，浮标磁环上浮到 SL2 干簧管处，使 SL2 动断触点断开，KA1 失电复原，KM1 断电还原，1 号水泵停止运行。

如果 1 号水泵在投入运行时，电动机转动过载，使 KR1 动作断开，KM1 失电还原，时间继电器 KT 通电，警铃 HA 通电发出故障信号，延时一段时间后，KT 动合触点延迟闭合，KA2 通电吸合，使 KM2 通电闭合，启动 2 号水泵，同时 KT1 和 HA 失电。

当 SA 手柄扳向右侧时，（5-6）、（1-2）、（3-4）触点闭合，此时 2 号水泵为常用，1 号水泵为备用，控制原理同上。

（四）一般管道系统图

属于建筑范畴的管道，如给水排水管道、供暖与制冷管道、动力站管道等等，其对建筑物的依附性很强，看这类管道施工图，必须对建筑物的构造及建筑施工图的表示方法有所了解，才能看懂图纸。

1. 看图方法

各种管道施工图的看图方法，一般应遵循从整体到局部、从大到小、从粗到细的原则，同时要将图样与文字对照看，以便逐步深入和细化。看图顺序按照流程图（原理图）、平面图、立（剖）面图、系统轴测图及详图的顺序，逐一详细阅读。由于图纸的复杂性和表示方法的不同，各种图纸之间应该相互补充，相互说明，所以看图过程不能死板地一张一张地看，而应该将内容相同的图样对照起来看。

对于每一张图纸，看图时首先看标题栏，了解图纸名称、比例、图号、图别以及设计人员，其次看图纸上所画的图样、文字说明和各种数据，弄清管线编号、管路走向、介质流向、坡度坡向、管径大小、连接方法、尺寸标高、施工要求；对于管路中的管子、管件、附件、支架、器具（设备）等应弄清楚材质、名称、种类、规格、型号、数量、参数等；同时还要弄清楚管路与建筑物、设备之间的相互依存关系和定位尺寸。

2. 看图的内容

（1）流程图（原理图）

1）掌握设备的种类、名称、位号（编号）、型号；

2）了解介质的流向以及由原料转变为半成品或成品的来龙去脉，也就是工艺流程的全过程；

3）掌握管子、管件、阀门的规格、型号及编号；

4）对于配有自动控制仪表装置的管路系统还要掌握控制点的分布状况。

（2）平面图

1）了解建筑物的朝向、基本构造、轴线分布及有关尺寸；

2）了解设备的位号（编号）、名称、平面定位尺寸、接管方向及其标高；

3）掌握各条管线的编号、平面位置、介质名称、管子及管路附件的规格、型号、种类、数量；

4）管道支架的设置情况，弄清支架的型式作用、数量及其构造。

（3）立（剖）面图

1）了解建筑物竖向构造、层次分布、尺寸及标高；

2）了解设备的立面布置情况，查明位号（编号）、型号、接管要求及标高尺寸；

3）掌握各条管线在立面布置上的状况，特别是坡度坡向、标高尺寸等情况，以及管子、管路附件的各类参数。

（4）系统图

1）掌握管路系统的空间立体走向，弄清楚管路标高、坡度坡向、管路出口和入口的组成；

2）了解干管、立管及支管的连接方式，掌握管件、阀门、器具设备的规格、型号、数量；

3）了解管路与设备的连接方式、连接方向及要求。

下面结合流程图 1-9 描述压缩空气站生产压缩空气的工艺原理。

生产压缩空气的车间称为压缩空气站（简称空压站）。用来压缩空气的机组称为空气压缩机。输送该气体的管道称为压缩空气管道（简称空压管）。

压缩空气站主要设备及附件有空气压缩机（包括电动机）、空气过滤器、中间冷却器、储气罐、后冷却器、废油沉淀箱、油水分离器、计量仪表（压力表、温度计、流量计等）、管道系统（空气管道、冷却水管道、油水吹除管道、负荷调节管道、一级放空管等）及各种控制阀门等，生产压缩空气的流程如图 1-9 所示。压缩空气的简单生产过程是：来自大气的空气经过空气过滤器 4 进入活塞式压缩机 2 的一级气缸，经一级压缩后，空气的压力和温度都升高，然后送入中间冷却器 3（压缩机本身自带）进行冷却，再送入压缩机的二级气缸，经过第二级压缩，达到设计的压力，温度也相应升高了，经二级压缩后的气体送入后冷却器 5 进行冷却，然后送入储气罐 6，由储气罐输入压缩空气总管，并分送各用户，供驱动或作为原料使用。

在生产过程中，各级冷却器除对被压缩后温度升高的压缩空气降温外，同时还起到分离与排除压缩空气中的油和水的作用。

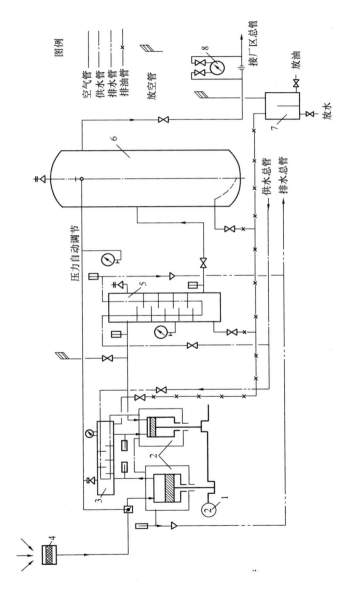

图 1-9　生产压缩空气的流程图

1—电动机；2—活塞式压缩机；3—中间冷却器；4—空气过滤器；5—后冷却器；
6—储气罐；7—废油沉淀箱；8—空气流量表

13

储气罐也可以进一步分离与排除油和水。排除出来的油和水，经排污管道送到废油沉淀箱 7 中，经沉淀后从沉淀箱上部放出废油，加工处理后重复使用，下部的污水可排入污水管系统。

冷却水先进入中间冷却器，由中间冷却器出来再进入二级气缸水套，然后进入一级气缸水套，最后经过排水漏斗送入排水管或地沟排走。

压缩空气生产过程中，经分离器分离出油和水后的压缩空气，才是满足生产要求的合格的压缩空气。

二、安装钳工基础知识

（一）钢的热处理

钢的热处理就是把钢在固态下加热到一定的温度，进行必要的保温，并以适当的速度冷却到室温，以改变钢的内部组织，从而得到所需性能的工艺方法。

热处理过程一般分为加热、保温和冷却三个步骤。由于加热温度、保温时间和冷却速度的不同，可使钢产生不同的组织转变。

由于各种机械零件的形状和尺寸、性能要求、所用钢材都各不相同，因此钢的热处理工艺方法很多。按照钢材组织变化的特征，钢的热处理工艺主要有退火、正火、淬火、回火和表面淬火等。

1. 退火与正火

退火是将钢件加热到高于或低于钢的临界点，保温一定时间，随后在炉中或埋入导热性较差的介质中缓慢冷却，以获得接近平衡状态组织的一种热处理工艺。退火和正火加热温度范围如图 2-1 所示。

退火的目的在于：降低硬度，以利于切削加工；细化晶粒改善组织，提高机械性能；消除内应力，并为下一道淬火工序做好准备；提高钢的塑性和韧性，便于进行冷冲压或冷拉拔加工。由于退火的目的不同，退火工艺也有多种。

完全退火是应用较为普遍的一种退火方法。它是将钢件加热到 $Ac_3 + (30 \sim 50)℃$，保温一定时间后，随炉缓慢冷却。完全退火能细化晶粒，消除内应力，并能降低硬度，以利于切削加工，

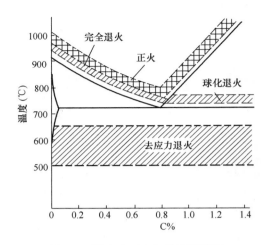

图 2-1　退火和正火加热温度范围

退火后的组织为铁素体和珠光体。

不完全退火是将钢件加热到 $Ac_1 + (40 \sim 60)℃$，经保温后缓慢冷却。它主要用于过共析钢，以消除内应力，降低硬度和提高韧性。

低温退火是将钢件加热到 $Ac_1 - (100 \sim 200)℃$，保温后空气中冷却或炉内冷却到 $200 \sim 300℃$。低温退火主要用来消除钢件的内应力，并不发生相变。

正火的作用与退火相似。由于正火是在空气中冷却，冷却速度比退火快，钢经过正火处理后，所获得的组织比退火后的更精细。

2. 淬火与回火

淬火就是把钢件加热到 Ac_3 或 Ac_1 以上 $30 \sim 50℃$，经过保温，然后在水或油中快速冷却，以获得高硬度组织的一种热处理工艺。淬火的目的在于提高钢的硬度，各种工具、模具、量具、滚动轴承等都需要通过淬火来提高硬度和耐磨性。

淬火的加热温度根据淬火的钢材来定。

回火是把淬火后的钢件重新加热到 Ac_1 以下某一温度，保温一段时间后，然后以一定的方式冷却的热处理工艺。

回火的目的是为了消除淬火时因冷却过快而产生的内应力，降低淬火钢的脆性，使它具有一定的韧性。故回火总是在淬火之后进行的。

根据加热温度的不同，回火可分为低温回火、中温回火和高温回火。

低温回火的加热温度为 $150\sim250℃$。低温回火后钢的组织变成回火马氏体，它是过饱和程度较小的固溶体。

中温回火的加热温度为 $350\sim500℃$。中温回火后钢的组织为极细的球状渗碳体和铁素体的机械混合物。

高温回火的加热温度为 $500\sim650℃$。高温回火后钢的组织为较细的球状渗碳体和铁素体的机械混合物。

3. 表面淬火

表面淬火是将钢件的表面层淬透到一定的深度，而中心部分仍保持未淬火状态的一种局部淬火方法。

表面淬火的目的在于获得高硬度的表面和有利的残余应力分布，以提高工件的耐磨性或疲劳强度。

（二）机械传动机构

1. 皮带传动

皮带传动是在两个或多个带轮之间作为传动挠性拉曳元件的一种摩擦传动，常用于中心距较大的动力传动。带的截面形状有长方形、梯形和圆形三种，分别称为平行带、三角带和圆形带，此外还有多楔带和同步齿形带，如图 2-2 所示。其中，三角带应用最广。

（1）三角皮带传动的技术要求

1）皮带轮的装配要正确，其端面和径向跳动应符合技术文件要求。两轮的轮宽中央平面应在同一平面上。

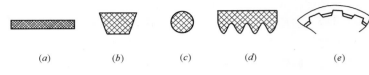

图 2-2　传动带的种类

(a) 平行带；(b) 三角带；(c) 圆形带；

(d) 多楔带；(e) 同步齿形带

2）皮带轮工作表面的粗糙度要适当。皮带轮工作表面光滑则皮带容易打滑；表面粗糙，皮带工作时容易发热磨损。皮带的张紧力大小要适当。

3）三角胶带传动的包角一般不小于 120°，特殊情况下可为 70°。

（2）皮带传动的装配

1）皮带轮与轴的装配具有少量的过盈或间隙，对于有少量过盈的配合，可用手锤或压力机装配。装配后，两轮的轮宽中央平面应在同一平面上，其偏移值不应超过 0.5mm。

2）三角皮带装配时，先将皮带套在小皮带轮上，然后转动大皮带轮，用适当的工具将皮带拨入大皮带轮槽中。三角皮带与皮带轮槽侧面应密切贴合，各皮带的松紧程度应一致。

3）皮带张紧力的调整：皮带张紧力的大小是保证皮带正常传动的重要因素。张紧力过小，皮带容易打滑；过大胶带寿命低，轴和轴承受力大。合适的张紧力经验判断方法为用大拇指在三角皮带切边的中间处按压，能将三角皮带按下 15mm 左右即可。

调整张紧力的方法较多，常用的有改变皮带轮中心距；采用张紧轮装置（张紧轮一般应放在松边外侧，并靠近小皮带轮处，以增大其包角）；改变皮带长度（安装皮带时，使皮带周长稍小于皮带安装长度，将皮带套上皮带轮之后，可使皮带产生一定的初拉力）。

2. 链传动

链传动是在两个或多于两个链轮之间用传动链作为挠性拉曳

元件的一种啮合传动。链传动具有效率高、传动轴间距离大、传动尺寸紧凑和没有滑动等优点。

（1）按照工作性质的不同，链有传动链、起重链和曳引链三种。其中传动链有套筒链、套筒滚子链、齿形链和成形链。

（2）链传动装置技术要求

装配前应清洁干净。主动链轮与被动链轮齿中心线应重合，其偏差不得大于两轮中心距的 0.2%。链条工作边拉紧时，非工作边的弛垂度 f（图2-3）应符合设计规定。当无规定且链条与水平线夹角 α 小于60°时，可按两链轮中心距 L 的

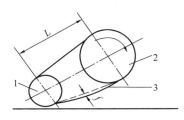

图 2-3 传动链条弛垂度
1—从动轮；2—主动轮；
3—从动边链条

1%～5%调整，如从动边在上面，弛垂度宜取低值。

3. 齿轮传动

齿轮传动是机械传动中应用最广的一种传动形式。它的传动比较准确，效率高，结构紧凑，工作可靠，寿命长。

根据两轴的相对位置和轮齿的方向，齿轮传动可分为直齿圆柱齿轮传动、斜齿圆柱齿轮传动、人字齿轮传动和锥齿轮传动等。

根据齿轮的工作条件，齿轮传动可分为：

（1）开式齿轮传动，齿轮暴露在外，不能保证良好的润滑；

（2）半开式齿轮传动，齿轮浸入油池，有护罩，但不封闭；

（3）闭式齿轮传动，齿轮、轴和轴承等都装在封闭箱体内，润滑条件良好，灰沙不易进入，安装精确。

齿轮传动机构装配时，首先要保证齿轮孔和轴之间不能出现歪斜或者偏心；中心距和齿侧间隙要准确，如果侧隙太小，齿轮传动在受热膨胀时，齿轮会出现被咬住或者卡死等现象，反之如果侧隙太大，容易产生振动或者强力的冲击。另外，相啮合的一对齿轮轮齿之间的接触部位应位于齿面中央。如果齿轮要进行高

速传动，装配后应做相应的平衡试验。

齿轮传动机构常见的失效主要是轮齿的磨损。一般情况下，小齿轮与大齿轮咬合，都是小齿轮磨损的速度比较快，这时应及时更换小齿轮，可以有效避免大齿轮再受到更加严重的磨损。

4. 液压传动

液体作为工作介质进行能量的传递，称为液体传动。其工作原理的不同，又可分为容积式液体和动力式液体两大类。前者是以液体的压力能进行工作，后者是以液体的动能进行工作。通常将前者称为液压传动，而后者称为液力传动。

（1）液压传动基本工作原理

如图 2-4 所示为机床液压系统图，电动机带动液压泵 1 从油箱 7 中通过滤油阀 6 及吸油管 10 吸油，并以较高的油压将油输出，这样，液压泵就把发动机的机械能转换成液压油的压力能。压力油经过油管 9 及换向阀 2 中的油液通道进入液压缸 5，使液压缸的活塞杆伸缩，带动机床的工作台 T 沿着机床床身的导轨往复移动，这样，液压缸就把压力油的压力能转换成移动工作台的机械能。换向阀 2 的作用是控制液流的方向；溢流阀 3 用于维持液压系统压力近似恒定；工作台 T 的速度改变由可调节流阀 4 来控制；油箱 7 用于储存油液并散热，滤油阀 6 的作用是过滤掉液压油中的杂质，压力表 8 用以观察系统压力。

（2）液压系统的组成

1）动力元件——液压泵。其职能是将机械能转换为液体的压力能，其吸油和压油过程都是利用空间密封容积的变化引起的。在液压泵中，柱塞泵压力较高，适于高压场合；螺杆泵噪声小、运转平稳且流量均匀。

2）控制调节元件——各种阀。在液压系统中控制和调节各部分液体的压力、流量和方向，以满足机械的工作要求，完成一定的工作循环。

3）执行元件——液动机。包括各种液压电机和液压缸，它是将液体的压力能转换成为机械能的机构。

4）辅助元件。它包括油箱、滤油器、蓄能器、油管及管接头、密封件、冷却器、压力继电器及各种检测仪表等。

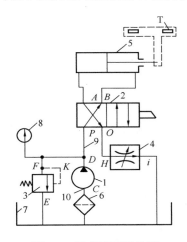

图 2-4　机床液压系统图

1—液压泵；2—换向阀；3—溢流阀；4—可调节流阀；5—液压缸；

6—滤油阀；7—油箱；8—压力表；9—油管；10—吸油管

三、安装钳工岗位操作技能

（一）划　　线

1. 划线常用的工具及其使用方法

根据图样或实物的尺寸，在工件表面上（毛坯表面或已加工表面）划出零件的加工界线，这种操作称为划线。

划线的作用不但能使零件在加工时有一个明确的界限，而且能及时发现和处理不合格的毛坯，避免加工后造成损失。当毛坯误差不大时，又可通过划线的借料得到补救，此外划线还便于复杂工件在机床上安装、找正和定位。

划线分平面划线和立体划线两种。平面划线是在工件的一个表面上划线，即明确反映出加工界线，如图 3-1 所示是在板料上的划线。同时要在工件几个不同表面（通常是互相垂直的表面）上都划线才能反映出加工界线，这种划线称为立体划线，如图 3-2 所示箱体上划线。

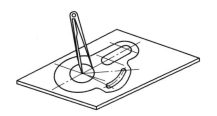

图 3-1　板料上划线

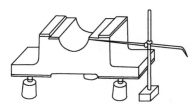

图 3-2　箱体上划线

在划线工作中，为了保证尺寸的正确性和达到较高的工作效率，必须熟悉各种划线工具及其使用的方法，以及各种显示涂料的应用方法。

（1）划线平板　划线的基本工具，一般由铸铁制成，工作表面经过精刨或刮削加工，如图 3-3 所示。

（2）划针　通常用工具钢或弹簧钢丝制成，其长度约为 200～300mm，直径为 $\phi3\sim\phi6$mm，尖端磨成 $10°\sim20°$ 角，并经淬火。为了使针尖更锐利耐磨，划出的线条更清晰，可以焊上硬质合金后磨锐，如图 3-4 所示。

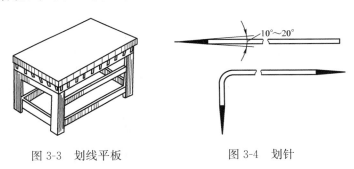

图 3-3　划线平板　　　　　图 3-4　划针

划线时，划针尖端要紧贴导向工具移动，上部向外侧倾斜 $15°\sim20°$ 角，向划线方向倾斜 $45°\sim75°$ 角，如图 3-5 所示。

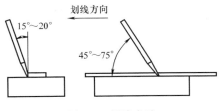

图 3-5　划线方法

用钝了的划针，可在砂轮或磨石上磨锐后再使用，否则划出的线条过粗而不精确。

（3）划规　在划线中主要用来划圆和圆弧、等分线段、角度及量取尺寸等。划规的脚尖必须坚硬，才能在金属表面上划出清晰的线条。一般划规用工具钢制成，脚尖经淬火，有的划规还在脚尖上加焊硬质合金，使之更加锋利和耐磨。

划规分为普通划规（图 3-6）、弹簧划规（图 3-7）和长划规（又称滑杆划规）（图 3-8）。

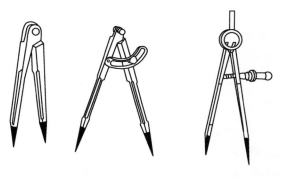

图 3-6　普通划规　　　　　图 3-7　弹簧划规

（4）划线盘　一般用于立体划线和用来校正工件的位置，如图 3-9 所示。

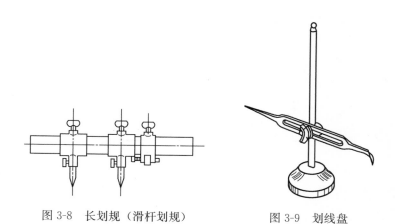

图 3-8　长划规（滑杆划规）　　　　图 3-9　划线盘

（5）宽座直角尺　如图 3-10 所示，是安装钳工常用的测量工具，划线时用来划垂直或平行线，同时可用来校正工件在平台上的垂直位置，如图 3-11 所示。

图 3-10　宽座直角尺　　　图 3-11　校正方法

（6）游标高度卡尺　　如图 3-12 所示，它是高度尺和划线盘的组合，它的划线量爪前端镶有硬质合金，它的分度值一般为 0.02mm。

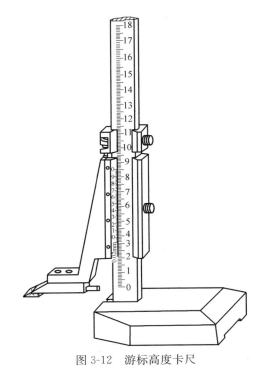

图 3-12　游标高度卡尺

（7）样冲 在划好的线上冲眼用的工具，如图 3-13 所示。冲眼的目的是使划出来的线条具有永久性的标记，同时用划

图 3-13 样冲

规划圆或钻孔时也需要打上样冲眼作为圆心的定点。

样冲用工具钢制成，冲尖磨成 $45°\sim60°$ 角，并淬火硬化。

冲眼要满足如下几点要求：

1）冲眼位置要准确，冲尖对准线条中间。若有偏离或歪斜，必须立即纠正重打。

2）冲眼距离根据线条的长短、曲直而定，对长的直线条冲眼应均匀布点且距离可大些，对短的曲线条，冲眼距离可小些，在线条的交叉转折处必须冲眼。

3）冲眼的深浅根据零件表面质量情况而定，粗糙毛坯表面应深些，光滑表面或薄壁工件可浅些，精加工表面禁止冲眼。

（8）支承工具 用来支承和调整划线的工件，以保证工件划线位置的正确性。

支承工具有 V 型铁（图 3-14）、千斤顶（图 3-15）、方箱（图 3-16）、直角铁（图 3-17）等。

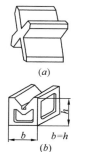

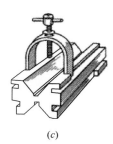

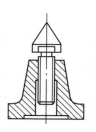

图 3-14 V 型铁

（a）普通 V 型铁；（b）精密 V 型铁；

（c）带夹持弓架的 V 型铁

图 3-15 千斤顶

1—螺杆；2—螺母；3—锁紧螺母；

4—螺钉；5—底座

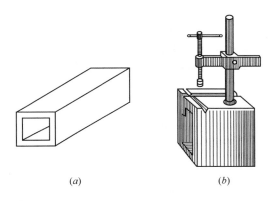

图 3-16　方箱

（a）一般方箱；（b）特殊方箱

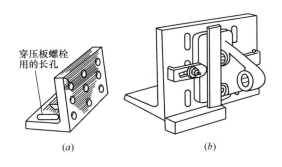

穿压板螺栓
用的长孔

（a）　　　　　　　　　　（b）

图 3-17　直角铁

（a）直角铁；（b）直角铁的应用

（9）分度头　用来对工件进行等分、分度的重要工具。

钳工在划线时，将分度头放在划线平板上，工件夹持在分度头的自定心卡盘上，配以划线盘或游标高度卡尺，即可对工件进行分度、等分或划平行线、垂直线、倾斜角度线和圆的等分线或不等分线等，其方法简便，适用于大批量中小零件的划线。

1）分度头外形如图 3-18 所示，主要由壳体和壳体中部的鼓形回转体、主轴、分度盘和分度叉等组成。

分度头主轴前端有内锥孔，可以装入顶尖。主轴前端的外螺纹，用来安装夹持工件的自定心卡盘。刻度盘固定在主轴上，和主轴一起旋转。刻度盘上有 0°～360° 的刻度，可用来对工件直接分度。

2）分度头的传动原理如图 3-19 所示，将工件装在与主轴螺纹连接的自定心卡盘 1 上，固定在主轴上的蜗轮 2 为 40 齿，3 是单头蜗杆。B_1、B_2 是齿数相同的两只圆柱齿轮，A_1、A_2 是锥齿轮，5 是分度盘，7 是分度手柄，6 是定位销。拔出定位销 6，转动分度手柄 7 时，分度盘不转动，通过传动比为 1：1 的圆柱齿轮 B_1、B_2 的传动，带动单头蜗杆 3 转动，然后通过传动比为 1：40 的蜗杆传动机构带动主轴（工件）转动进行分度。

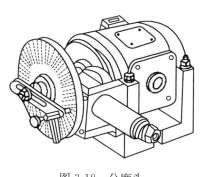

图 3-18　分度头

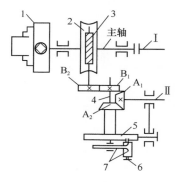

图 3-19　分度头传动系统

1—自定心卡盘；2—蜗轮；3—单头蜗杆；4—心轴；5—分度盘；6—定位销；7—分度手柄

3）简单分度法　由分度头传动系统（图 3-19）可知，分度头手柄心轴 4 与蜗杆之间传动比为 1：1，蜗杆为单头，主轴上蜗轮齿数为 40。若分度手柄转过一周，分度头主轴Ⅰ即转动 1/40 周。因此分度手柄的转数可按下列传动关系式算出：

$$n = \frac{40}{Z}$$

式中 n——分度手柄转数；

Z——工件等分数。

例 1：要划出均匀分布在工件圆周上的 10 个孔，试求每划一个孔的位置后，分度头手柄应转几周后再划第二个孔的位置？

解：根据公式 $n=40/Z=40/10=4$

答：即每划完一个孔的位置后，手柄应转过四周再划第二个孔的位置。

例 2：要在一圆盘端面划出 7 等分线，求每划一条线后，手柄应转过几周后再划第二条线？

解：根据公式 $n=40/Z=40/7=5\dfrac{5}{7}$

答：即每划一条线后，手柄应转过 $5\dfrac{5}{7}$ 周再划第二条线。

由上述例题可见，手柄的转数可能不是整周数，如何使手柄精确地转过 5/7 周？这时就需要利用分度盘一起进行分度。

4）分度盘的应用 分度盘是分度计数的依据。在分度盘上有若干圈孔数不同、等分准确的孔眼，当分度计算手柄转数值带分数时，应把其分数部分的分母和分子同时扩大（或缩小）一个倍数，使分母与分度盘某一圈孔数相同。分子就是手柄应在该圈上转过的孔距数。在例 2 中，手柄应转过 5 周后，还要转 5/7 周，这时可根据分度盘某一圈的孔数（如 28），把分数 $\dfrac{5}{7} \times \dfrac{4}{4} = \dfrac{20}{28}$，于是就可在 28 孔的孔圈内转过 20 个孔距。根据另一孔距数 42 也可将 $\dfrac{5}{7} \times \dfrac{6}{6} = \dfrac{30}{42}$，即在 42 孔的孔圈内转过 30 个孔距。还可以扩大为其余多种倍数值，选用哪一种较好？经验证明，应尽可能选用孔圈数较多的孔圈，准确度比较高，同时摇动也比较方便。

万能分度头附带的分度盘有一块、二块和三块的。分度盘各圈的孔数见表 3-1 所列。

分度盘各圈的孔数 表 3-1

		分度盘各圈的孔数
带一块 分度盘		正面：24，25，28，30，34，37，38，39，41，42，43
		反面：46，47，49，51，53，54，57，58，59，62，66
带两块 分度盘	第一块	正面：24，25，28，30，34，37
		反面：38，39，41，42，43
	第二块	正面：46，47，49，51，53，54
		反面：57，58，59，62，66
带三块 分度盘	第一块	15，16，17，18，19，20
	第二块	21，23，27，29，31，33
	第三块	37，39，41，43，47，49

用分度盘分度时，可结合分度叉同时进行。分度叉能使分度准确而迅速。在转动手柄前要调整好分度叉，两叉脚间的夹角可按分度时的孔距数进行调正，如图 3-20 所示。为了消除分度头中的蜗杆与蜗轮或齿轮之间的间隙对分度产生的影响，分度手柄必须朝一个方向摇动，如发现已摇过了预定的孔位，则需反向摇过半圈后，再重新摇到预定的孔位，并把定位销插入孔内。

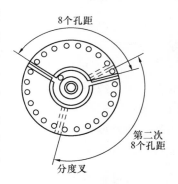

图 3-20　分度叉

2. 划线涂料

为了使工件上划出的线条清晰，划线前需要在划线部位涂上一层涂料。常用的涂料有白喷漆、石灰水、蓝油、锌钡白、无水涂料等。

3. 划线基准

（1）划线基准的选择

1）以两个相互垂直的平面（或直线）为基准，如图3-21所示，该零件在两个垂直的方向上都有尺寸要求。

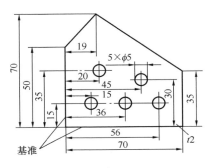

图 3-21 划线基准（一）

2）以一个平面（或直线）和一条中心线为基准，如图 3-22 所示。该零件高度方向的尺寸是以底面为依据，宽度方向的尺寸对称于中心线。此时底平面和中心线分别为该零件两个方向上的划线基准。

3）以两条互相垂直的中心线为基准，如图 3-23 所示。该零件两个方向尺寸与其中心线具有对称性，并且其他尺寸也是从中心线开始标注。此时两条中心线分别为两个方向的划线基准。

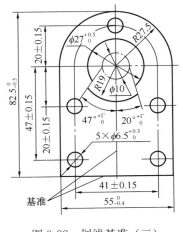

图 3-22 划线基准（二）

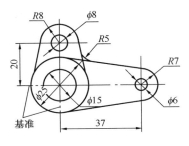

图 3-23 划线基准（三）

由上可见，划线时在零件的每一个尺寸方向都需要选择一个基准。因此，平面划线一般要选择两个划线基准。立体划线要选择三个划线基准。

（2）划线基准的选择原则

1）划线基准应尽量与设计基准重合。

2）形状对称的工件，应以对称中心线为基准。

3）有孔或凸台的工件，应以主要的孔或凸台中心线为基准。

4）在未加工的毛坯上划线，应以不加工面作基准。

5）在加工过的工件上划线，应以加工过的表面作基准。

（3）划线前的准备工作

1）清理工件，对铸、锻毛坯件，应将型砂、毛刺、氧化皮清理干净，对已生锈的半成品将浮锈刷掉。

2）分析图样，了解工件的加工部位和要求，选择好划线基准。

3）在工件划线部位，按工件不同涂上合适的划线涂料。

4）擦干净划线平板，准备好划线工具。

5）加装塞块，在孔上画圆或等分圆周时，要在孔上加塞块，以找出工件孔的中心位置。塞块可用铅或木块，前者用于小孔，后者用于较大孔，如图 3-24 所示。

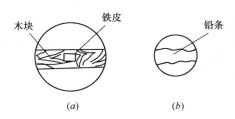

图 3-24　塞块

（a）木块；（b）铅块

6）划线时的找正和借料。

① 找正　划线前做好对毛坯工件的找正，使毛坯表面与基准面处于平行或垂直的位置。其目的是使加工表面与不加工表面之间保持尺寸均匀，并使各加工表面的加工余量合理并均匀分布。

② 借料　由于毛坯（如铸、锻件）工件在尺寸、形状和位置上存在一定的缺陷和误差，当误差不大时，通过试划和调整可使各加工件表面都有一定的加工余量，从而使缺陷和误差得到弥补。

（二）钻孔与螺纹加工

1. 钻孔

钻孔是在实心材料上用钻头加工出圆孔。任何一台设备没有孔是不能装配的，钻孔是在生产中的一项很重要的工作。

（1）工件夹持　钻孔前一般都应将工件夹紧固定，以防钻孔时工件移动折断钻头或使钻孔位置偏移。工件的夹持方法，主要根据工件的大小、形状和加工要求而定。如钻 $\phi 8$ 以下的小孔，可用手虎钳握住工件钻孔；若钻孔要求较高、批量又较大，应采用专门的钻夹具夹持工件钻孔。

（2）一般工件的钻孔方法

钻孔前应在工件上所要钻孔的中心打样冲眼，并在孔的圆周上（90°位置）打四只样冲眼，作钻孔后的检查用。孔中心的样冲眼作为钻头定心用，应大而深，使钻头在钻孔时不易偏离中心。

钻孔开始时，先调正钻头或工件的位置，使钻尖对准钻孔中心，然后试钻一浅坑。如钻出的浅坑与所划的孔圆周线不同心，可移动工件或钻床主轴予以借正。当试钻达到同心要求后继续钻孔。孔将要钻穿时，必须减小进给量，如采用自动进给的，此时最好改为手动进给，以减少孔口的毛刺，并防止钻头折断或钻孔质量降低等现象。

钻不通孔时，可按钻孔深度调正挡块，并通过测量实际尺寸来控制钻孔深度。

钻深孔时，一般钻进深度达到直径的 3 倍时钻头要退出排屑，以后每钻进一定深度，钻头即退出排屑一次，以免切屑阻塞而扭断钻头。

钻削直径超过 ϕ30 的孔可分两次钻削，先用 0.5～0.7 倍的钻头钻孔，然后再用所需孔径的钻头扩孔。这样可以减小转矩和轴向阻力，既保护了机床，同时又可提高钻孔质量。

用普通钻头在斜面上钻孔，钻头必然会产生偏歪、滑移而无法定心，不仅不能钻孔，并可能折断钻头。为了在斜面上钻出合格的孔，可用立铣刀或錾子在斜面上加工出一个小平面。然后先用中心钻或小直径钻头在小平面上钻出一个锥坑或浅坑，最后用钻头钻出所需要的孔，如图 3-25 所示。

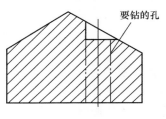

要钻的孔

图 3-25　在斜面上钻孔

钻壳体和衬套之间的骑缝螺纹底孔或销钉孔时，由于壳体、衬套两者材料一般都不同，此时样冲眼应打在略偏于硬材料一边，以抵消因阻力小而引起钻头向软材料方向偏移。同时要选用短钻头，以增强钻头刚度，钻头的横刃要磨短，增加钻头的定心作用，减少偏移。

2. 攻丝

攻丝是用丝锥在孔壁上切削螺纹的过程。

（1）丝锥的种类

1）手用丝锥。一般两支为一套，分头锥和二锥。两支丝锥切削部分的斜角不同，头锥斜角小，约有六个不完整的牙齿，以便于起削。

2）机用丝锥。用在机床上进行攻丝，一般一套只有一支，手柄较长，便于装夹。

3）斜槽丝锥。有左、右斜槽丝锥两种。左斜槽丝锥用于加工通孔，右斜槽丝锥用于加工不通孔，丝锥使切屑向上排出。

（2）攻丝的工艺过程

攻丝前首先应确定螺纹底孔直径并掌握正确的操作。

1）底孔直径的确定，攻丝时，丝锥除对材料起切削作用外，还对材料产生挤压。因此，螺纹的牙型产生塑性变形，使牙型顶端凸起一部分，材料塑性越大，则挤压凸起部分越多，此时如果螺纹牙型顶端与丝锥牙齿根部没有足够的空隙，就会使丝锥轧住或折断，所以攻丝前的底孔直径必须大于螺纹标准中规定的螺纹小径。底孔直径的大小，应根据工件材料的塑性大小和钻孔的扩张量来考虑，使攻丝时既有足够的空间来容纳被挤出的金属材料，又能保证加工出的螺纹有完整的牙型。

在钢和塑性较大材料上攻制普通螺纹时，钻孔用钻头的直径应为：

$$D_0 = D - P$$

式中　D——内螺纹大径（mm）；

　　　P——螺矩（mm）。

在铸铁和塑性较小的材料上攻制普通螺纹时，钻孔用钻头的直径为：

$$D_0 = D - (1.05 \sim 1.1)P$$

在攻不通孔螺纹时，由于丝锥切削部分带有锥角不能切出完整的螺纹牙型，为了保证螺孔的有效深度，钻孔深度一定要大于所需的螺孔深度，一般取

钻孔深度＝所需螺孔深度＋$0.7D$

式中　D——螺纹大径（mm）。

2）攻丝操作要点

① 底孔直径确定后钻孔、孔口倒角（攻通孔时两面孔口都应倒角）；

② 待丝锥切削部分切入工件 1～2 圈时，校正丝锥与工件表面是否垂直；

③ 每转动 1/2～1 圈要倒转 1/4～1/2 圈，以利断屑、排屑；

④ 攻较硬材料零件时，要头锥、二锥交替使用；

⑤ 攻塑性材料时要加切削液，以减小阻力并提高螺纹的表面质量。

3. 套丝

在圆柱或圆锥的外表面上加工出的螺纹叫外螺纹。利用板牙在圆柱（锥）表面上加工出外螺纹的操作称为套丝。

（1）套丝前圆杆直径的确定，与攻螺纹时一样，圆板牙在工件上套丝时，材料同样受到挤压而变形，螺纹的牙尖也要被挤高一些，所以圆杆直径应稍小于螺纹大径。圆杆直径可用下列公式计算：

$$d_0 = d - 0.13p$$

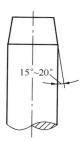

式中　d_0——圆杆直径（mm）；

　　　d——外螺纹大径（mm）；

　　　p——螺距（mm）。

（2）套丝操作要点

1）按规定确定圆杆直径，同时将圆杆顶端倒角至 $15°\sim20°$ 便于起削，如图 3-26 所示。锥体的小端直径要比螺纹的小径小，这样可消除螺纹头部的锋口。

图 3-26　圆杆倒角

2）套丝时，切削力矩很大，圆杆不易夹持牢固，甚至会使圆杆表面损坏，所以要用硬木做的 V 形块或厚铜板作衬垫，才能可靠地夹紧。

3）套丝时应保持板牙端面与圆杆轴线垂直，避免切出的螺纹单面或螺纹牙一面深一面浅。

4）开始套丝时，两手转动板牙的同时要施加轴向压力，当板牙切入后，不需加压，只需均匀转动板牙，为了断屑，板牙也要经常倒转。

5）为了提高螺纹表面质量和延长板牙使用寿命，套螺纹时要加切削液。

（三）常用工具的刃磨与使用

1. 錾子的使用与刃磨

用锤子敲击錾子对工件进行切削加工的方法称为錾削。

凿削的加工效率较低，主要用在不便使用机械加工的场合，如清除毛坯件表面多余金属、分割材料、开油槽等，有时也用作较小平面的粗加工。此外，通过凿削加工的练习，可以提高敲击的准确性，为装拆机械设备打下扎实的基础。

凿子的形状是根据工件不同的凿削要求而设计的。钳工常用的凿子有扁凿、尖凿和油槽凿等三种，如图 3-27 所示。

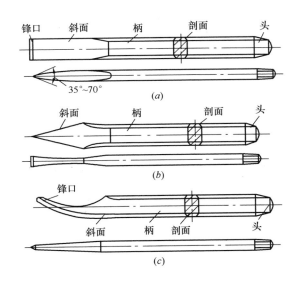

图 3-27　凿子的种类

(a) 扁凿；(b) 尖凿；(c) 油槽凿

（1）扁凿，切削部分扁平、刃口略带弧形。用来凿削凸缘、毛刺和分割材料，应用最为广泛（图 3-27a）。

（2）尖凿，切削刃较短，切削刃两端侧面略带倒锥，防止在凿削沟槽时被沟槽卡住。主要应用于凿削沟槽和分割曲线形板料（图 3-27b）。

（3）油槽凿，切削刃很短并呈圆弧形。凿子斜面制成弯曲形状，便于在曲面上凿削沟槽。主要用于凿削沟槽（图 3-27c）。

錾子切削部分的好坏，直接影响到錾削质量和工作效率，所以錾子必须通过正确的刃磨，使切削刃变得锋利。刃磨时，錾子在旋转着的砂轮轮缘上（高于砂轮中心）左右移动，如图 3-28 所示，錾子锋口的两面应交替

图 3-28　錾子刃磨

刃磨，并保持宽度一样。刃磨过程中錾子应经常浸水冷却，防止过热退火。

2. 刮刀的使用与刃磨

刮削属精加工的一种，在已加工的工件表面上刮去一层很薄的金属。其刮削余量一般随刮削面积的大小而定。

（1）刮削前的准备工作

1）工件表面显示　刮削工件表面通常配合标准表面，并辅之显示剂加以刮削。常用的显示剂有：红丹粉、普鲁士蓝油、烟墨油等。调制显示剂时，干稀要适当。一般粗刮时，可调得稀一些，精刮时可调得干一些。显示剂可涂在工件上，也可涂在标准表面上。涂在工件表面所显示的研点是不着色的黑点，不闪光。涂在标准表面上，工件表面只有高处着色，研点比较暗淡。

刮削精度常用 25mm×25mm 内的研点数来表示，其标准要求可查阅相关设备安装及验收规范。

2）刮削作业条件　备好刮削工具和显示剂；检查工件表面质量和刮削余量是否符合要求，并打磨毛刺；调整工件，放置时应平稳、牢固；涂上显示剂，确定刮削部位。

（2）刮削　刮削方式有平面刮削和曲面刮削。其中平面刮削又分手刮法和机刮法两种。刮削一般要经过粗刮、细刮和刮花的过程。

1）粗刮　粗刮为刮去工件表面有明显的加工痕迹或锈蚀，加工余量较大。

2）细刮　细刮是在粗刮的基础上，把已贴合的点子刮去，使一个贴合点变成几个贴合点，从而增加贴合的数目，直到符合所要求的表面。

3）精刮　精刮是在细刮的基础上，再进一步提高表面质量。精刮时，每刀必须刮在研点上，点子越多，刀痕要越小，刮时要越轻。

（3）刃磨　刮刀分平面刮刀和曲面刮刀。平面刮刀粗刮时，其端部形状磨成平的；细刮和精刮时，其端部略微凸起，刃口成圆弧形。在砂轮机上刃磨刮刀时要经常用水冷却，防止磨削时发热而退火使刃口变软。

平面刮刀淬火后必须进行刃磨。刃磨时，首先在砂轮上粗磨几何角度，接着在磨石上细磨切削刃，最后在研磨小平板上研磨切削刃至正确的几何角度。

三角刮刀的刃磨基本上与平面刮刀相似，只是因为形状的不同，方法有些差异。三角刮刀的粗磨如图 3-29 所示。左手将刮刀切削刃轻压在砂轮上，右手握刀柄，使切削刃作弧形摆动，同时在砂轮整个宽度上来回移动。然后将刮刀调转 90°，顺着砂轮外圆周面上修整平直。接着将三角刮刀的三个圆弧面用砂轮的角开出槽来，槽要开在两刃的中间，使切削刃边上留出 2～3mm 的棱边。三角刮刀在磨石上细磨和在研磨平板上研磨的姿势、方法相同，即右手握柄，左手轻压切削刃，顺着磨石长度方向前后

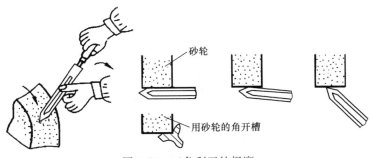

图 3-29　三角刮刀的粗磨

移动，同时，还要依着切削刃的弧度作上下摆动，直至弧面光洁，切削刃锋利。

3. 钻头的使用与刃磨

（1）标准麻花钻的结构特点

钻头的种类较多，有麻花钻、扁钻、深孔钻、中心钻等，麻花钻是最常用的一种。麻花钻主要由柄部、颈部和工作部分组成，麻花钻构造如图 3-30 所示。

1）钻头的柄部是与钻孔机械的连接部分，钻孔时用来传递所需的转矩和轴向力。柄部有圆柱形和圆锥形（莫氏圆锥）两种形式，钻头直径小于 $\phi 13$ 的采用圆柱形，钻头直径大于 $\phi 13$ 的一般都是圆锥形。锥柄的扁尾能避免钻头在主轴孔或钻套中打滑，并便于用楔铁把钻头从主轴锥孔中打出。

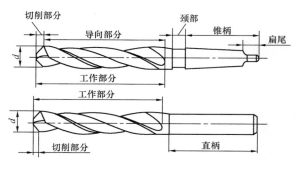

图 3-30　麻花钻构造

2）钻头的颈部在磨削钻头时供砂轮退刀用。

3）工作部分由切削部分和导向部分组成。切削部分由两条主切削刃、一条横刃、两个前面和两个后面组成，如图 3-31 所示。其作用是担任主要切削工作。导向部分由两条螺旋槽和两条窄的螺旋形棱边与螺旋槽表面相交成两条棱刃（副切削刃）。导向部分在切削过程中，使钻头保持正直的钻削方向并起修光孔壁的作用，通过螺旋槽排屑和输送切削液。

（2）标准麻花钻的刃磨要领

由于钻头的磨钝和适应工件材料的变化，钻头的切削部分和角度需要经常刃磨，刃磨的部位是两个后面。手工刃磨钻头在砂轮机上进行，选择砂轮的粒度为 F46～F80，砂轮的硬度为中软级。

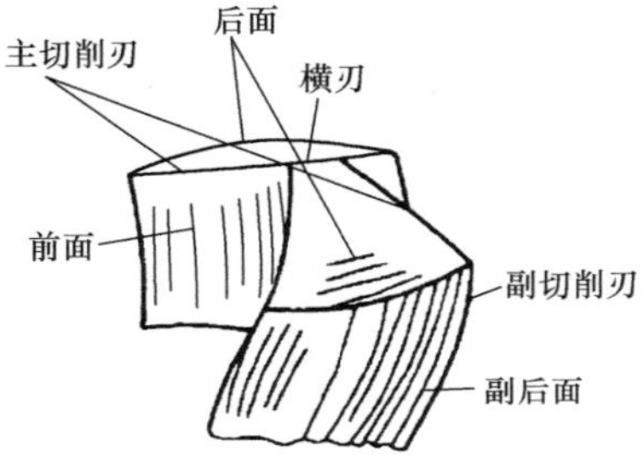

① 钻头中心线和砂轮面成 ϕ 角，一般为 60°左右。

② 右手握住钻头导向部分前段，作为定位支点，刃磨时使钻头绕其轴心线转动，同时掌握好作用在砂轮上的压力。

图 3-31　钻头的切削部分

③ 左手握住钻头的柄部作上下扇形摆动。

开始刃磨时（图 3-32），钻头轴心线要与砂轮中心水平线一致，主切削刃保持水平，同时用力要轻。随着钻尾向下倾斜，钻头绕其轴线向上逐渐旋转 15°～30°，使后面磨成一个完整的曲面。旋转时加在砂轮上的压力也逐渐增加，返回时压力逐渐减小，刃磨一两次后，转 180°刃磨另一面。在刃磨过程中，要随时检查刃磨的正确性，并要适时将钻头浸入水中冷却。在磨到刃口时磨削量要小，停留时间要短，防止切削部分过热而退火。

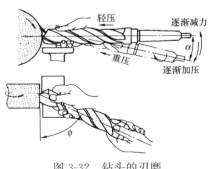

图 3-32　钻头的刃磨

（四）钳工常用仪器的使用与维护

1. 游标卡尺

游标卡尺是一种常用量具。它能直接测量零件的外径、内径、长度、宽度、深度和孔距等。钳工常用的游标卡尺测量范围有0～125mm、0～200mm、0～300mm等三种。

（1）游标卡尺的结构　如图3-33所示是两种常见的结构形式。图3-33（a）所示为可微量调节的游标卡尺，其主要由尺身1和游标2组成，3是辅助游标。使用时，松开螺钉4和5，即可推动游标在尺身上移动。测量工件需要微量调节时，可拧紧螺钉5，松开螺钉4，旋动微调螺母6，通过小螺杆7使游标2微

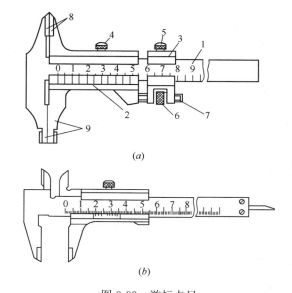

(a)

(b)

图3-33　游标卡尺

（a）游标卡尺；（b）带深度尺的游标卡尺

1—尺身；2—游标；3—辅助游标；4、5—螺钉；6—微调螺母；

7—小螺杆；8—上量爪；9—下量爪

动。量得尺寸后，拧紧螺钉 4，使游标位置固定，然后读数。游标卡尺下量爪 9 的内侧面可测量外径和长度，外侧面用来测量内孔或沟槽。

图 3-33（b）所示是带深度尺的游标卡尺，上量爪可测量孔径、孔距和槽宽，下量爪可测量外径和长度，尺后的深度尺还可测量内孔和沟槽深度。

（2）读数 游标卡尺按其分度值有 0.1、0.05mm 和 0.02mm 三种。现将分度值为 0.05mm 的刻线原理及读数方法简述如下：

分度值为 0.05mm 游标卡尺的尺身上每小格为 1mm，当两量爪合并时，尺身上的 19mm 刚好等于游标上的 20 格，如图 3-34 所示，则：

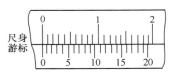

图 3-34 分度值为 0.05mm

游标上每格 $= 19 \div 20 = 0.95mm$

尺身与游标上每格相差为 $1-0.95=0.05mm$

图 3-35 所示是分度值为 0.05mm 的游标卡尺所表示的尺寸。

4mm+0.35mm=4.35mm

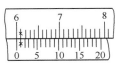
60mm+0.05mm=60.05mm

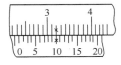
22mm+0.5mm=22.5mm

图 3-35 分度值为 0.05mm 游标卡尺的读数方法举例

（3）使用游标卡尺时，应注意以下几点：

① 游标卡尺只适用于中等公差等级（IT10～IT16）尺寸的测量和检验，不能用游标卡尺去测量铸锻件等毛坯尺寸。

② 使用前检查量爪测量面和测量刃口是否平直无损；两量爪贴合时应无漏光现象，尺身和游标的零线要对齐。

③ 测量外尺寸时，两量爪应张开到略大于被测尺寸，以固

定量爪贴住工件。然后用轻微的压力把活动量爪推向工件，卡尺测量面的连线应垂直于被测表面，不能歪斜。

④ 测量内尺寸时，两量爪应张开到略小于被测尺寸，再慢慢张开并轻轻地接触零件的内表面。两量爪应在孔的直径上，不能偏歪。

⑤ 读数时，游标卡尺置于水平位置，使人的视线尽可能与游标卡尺的刻线表面垂直，以免视线歪斜造成读数误差。

2. 水平仪

水平仪是由铸铁框架、主水准器（纵向水泡）、定位水准器（横向水泡）等组成。它是一种测角仪器，主要工作部分是水准器，如图 3-36 所示。

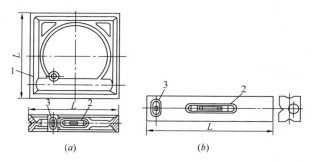

图 3-36　水平仪

（a）框式；（b）条式

1—铸铁框架；2—主水准器；3—定位水准器

（1）原理

水平仪用于测量平面对水平或垂直位置的偏差。根据外形分框式水平仪和条式水平仪。

水平仪在水平位置或垂直位置时，气泡处于水准器中央位置。精度表示方法如：0.02/1000，其意义为：当气泡移动一格时，水平仪的底面倾斜角度 θ 是 $4''$，每米高度差为 0.02mm。

（2）使用水平仪注意事项

1）使用前，被测表面和工件表面必须擦拭干净；温度对水平仪测量精度影响很大，操作者手离气泡管较近或对气泡管呼气都有一定的影响。

2）在读数时，视线要垂直对准水准器，以免产生视差。

3）使用误差比较小的水平仪测量设备水平度时，应在被测量面上原地转180°进行测量；在调整被测物水平度时，水平仪一定要拿开。

4）测量工件铅垂面时，应用力均匀地紧靠在工件立面上；

5）水平仪使用后应擦拭干净，涂上一层无酸、无水的防护油脂。

3. 自准直仪

（1）自准直仪的结构组成如图 3-37 所示。

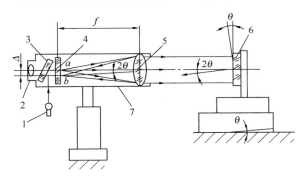

图 3-37　自准直仪

1—光源；2—目镜；3—半透明反光镜；4—分划板；

5—物镜；6—反光镜；7—望远镜

（2）自准直仪的用途

自准直仪为精密的小角度测量仪器，它主要用作小角度的精密测量，如机床导轨的直线度误差测量、工作台面的平面度误差测量等。

（3）自准直仪的使用方法及注意事项

1）先根据被测工件的长度来选择适当的桥板，然后将反光镜稳固地置放在桥板上，且应放在被测工件的一端。

2）在被测工件的另一端，放置一个调整支架，并将自准直仪安放在上面。

3）接上电源后，调整支架的位置，并使自准直仪的主光轴对准反射镜；然后观察目镜，并使十字线影像呈现在视场的中心附近。

4）再将反射镜与桥板同时移至被测工件的另一端，继续观察十字线影像是否在视场内；否则应反复进行调整，直至合乎要求。

5）按"节距法"进行直线度误差的测量。

6）因测微读数目镜座有两个相互垂直的位置，以备分别测量垂直方向和水平方向的直线度误差之用，故操作时要根据需要加以选择。

7）由于自准直仪为精密的光学仪器，所以存放时应置放在干燥、温度适当、温差小的地方；平时对反光镜和外露镜面，应用镜头纸或麂皮擦拭，绝不可用手触摸或用一般棉纱来擦拭。

四、机械零部件装配

（一）机械零部件概述

零件：指组成机械的基本制造单元，由整块金属或其他材料制成。

组件：是在一个基准零件上，装上若干零件而构成的。

部件：是在一个基准零件上，装上若干组件和零件而构成的，为同一功能而组合在一起协同工作的零件族。

任何机械设备都是由若干零件、组件和部件组成的。根据规定的技术要求，将零件和部件进行必要的配合及连接，使零件、组件和部件间获得一定的相互位置关系，从而成为半成品或产品的工艺过程称为装配。装配是机械制造过程中的最后一道工序，其中还包括调整、试验、检验等工作，因此它是保证机器设备达到各项技术要求的关键，装配工作的好坏直接影响设备的性能和使用寿命。为保证有效地进行装配工作，通常将机器划分为若干能进行独立装配的装配单元。

装配前应了解设备的结构、装配技术要求。对需要装配的设备零部件进行拆卸和清洗处理，对零部件的配合尺寸、精度、配合面、滑动面进行复查，并应按照标记及装配顺序进行装配。

（二）机械零部件拆卸

1. 拆卸的一般原则

在拆卸前，应详细了解机械设备各方面的状况，熟悉机械设备各个部分的结构特点、传动系统，以及零部件的结构特点和相互间的配合关系，明确其用途和相互间的作用，合理安排拆卸步骤和选用适宜的拆卸工具或设施，使拆卸有序，达到利于清洗、检查和鉴定的目的，为装配工作打下良好的基础。

2. 拆卸的方法

（1）击卸

击卸是用敲击的方法使配合的零件松动而达到拆卸的目的

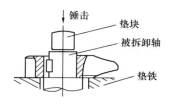

图 4-1　手锤击卸示意图

（图 4-1）。拆卸时应根据零件的尺寸、重量和配合牢固程度，选择适当重量的手锤，受击部位应使用铜棒或木棒等保护措施。此方法适用于过渡配合机件的拆卸。击卸时要左右对称，交换敲击，不许只敲击一边。

（2）压卸和拉卸

对于精度要求较高，不允许敲击或无法用击卸法拆卸的零件，可采用压卸和拉卸（图 4-2 和图 4-3）。采用压卸和拉卸，加力比较均匀，零件的偏斜和损坏的可能性较小。这种方法适用于过盈配合机件的拆卸。

（3）温差法拆卸

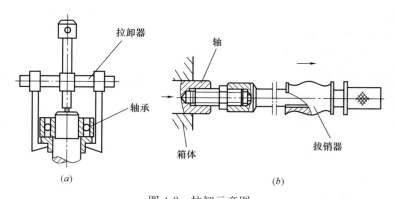

图 4-2　拉卸示意图

（a）拉卸轴承示意图；（b）拉卸轴、销示意图

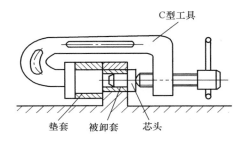

图 4-3 压卸轴套示意图

利用金属热胀冷缩的特性，采取加热包容件，或者冷却被包容件的方法来拆卸零件。这种方法适用于一般过盈较大、尺寸较大等无法采用压卸的情况。

（4）破坏拆卸

破坏拆卸是机械设备修理时采用的一种拆卸方法。例如当必须拆卸焊接、铆接、密封连接等固定连接件，或轴与套互相咬死，花键轴扭转变形及严重锈蚀等机件时，不得已而进行的破坏拆卸。破坏拆卸时，应视具体情况，保留主要件、破坏次要件，以降低修理的成本费用。

3. 拆卸时的注意事项

（1）对拆卸的零部件要做好核对工作或做好记号

机械设备中有许多配合的组件和零件是经过选配或重量平衡的，装配的位置和方向均不允许改变。因此在拆卸时，有原记号的要核对，如果原记号不清晰，应按原样重新标记，以便装配时对号入位，避免发生错乱。

（2）零件分类存放的原则

1）同一总成或同一部件的零件根据零件的大小与精密度应尽量放在一起；

2）不应互换的零件要分组存放；

3）怕脏、怕碰的精密零部件应单独存放；

4）怕油的橡胶件不应与带油的零件一起存放；

5）易丢失的零件，如垫圈、螺母等应放在专门的容器里；

6）各种螺栓和螺柱应装上螺母存放；

7）钢件、铝件、橡胶件等零件，应按材质的不同分别存放于不同的容器内。

（3）拆卸零件加工表面的保护

在拆卸过程中，一定要避免损伤零件的加工表面，否则将给装配带来麻烦，并因此而引起漏气、漏油、漏水等故障，甚至导致机械设备的技术性能降低。

（三）机械零部件清洗

设备清洗，即洗净和清除零部件表面的油脂、污物和黏附的机械杂质，并使零件表面干燥，且具有一定的防锈能力，为装配工序提供符合要求的洁净零件。

1. 清洗的一般规定及要求

（1）清洗前工作场地必需打扫干净。露天清洗时，应采取必要的防护措施。

（2）设备上原已密封的、铅封的、有过盈配合的、设备技术文件中规定不得拆卸的零部件均不得拆卸清洗；出厂已装配好的组件，安装现场一般不再进行拆卸、清洗和重新装配。

（3）当设备零部件在出厂前涂装了不能作为润滑剂（脂）使用的防护材料，或涂装的润滑油、润滑脂变质失效时应进行清洗。

（4）设备一般可先初步清洗，然后进行细洗，最后作彻底清洗。如果清洗后不能及时组装或安装，应采取保护设备洁净的有效措施，必要时应在组装或安装前再次清洗。

（5）清洗精加工面时，应使用软质材料（棉布、麻丝、绸布及软质刮片等），不得使用砂布、刮刀或锯条等。

（6）在禁油条件下工作的零部件及管路应进行脱脂处理，脱脂后应将残留的脱脂剂清除干净。

（7）设备上需装配或组装的零部件应先清洗洁净，零部件清洗后，应立即进行干燥处理，并应采取防返锈措施。

2. 清洗方法

设备常见的清洗方法有：擦洗、刷洗、浸洗、喷洗和超声波清洗等方法。

（1）对设备及大、中型部件的局部清洗，宜采用溶剂油、航空洗涤汽油、轻柴油、乙醇和金属清洗剂进行擦洗和刷洗。

（2）对中、小型形状较复杂的装配件，可采用相应的清洗液浸泡，浸洗时间随清洗液的性质、温度和装配件的要求确定，宜为2～20min，且宜采用多步清洗法或浸、刷结合清洗；采用加热浸洗时，应控制清洗液温度；被清洗件不得接触容器壁。

（3）对形状复杂、污垢黏附严重的装配件宜采用溶剂油、蒸汽、热空气、金属清洗剂和三氯乙烯等清洗液进行喷洗；对精密零件、滚动轴承等不得用喷洗法。

（4）当对装配件进行最后清洗时，宜采用溶剂油、清洗汽油、轻柴油、金属清洗剂和三氯乙烯等进行超声波清洗。

（5）对形状复杂、油垢粘附严重、清洗要求高的装配件，宜采用溶剂油、清洗汽油、轻柴油、金属清洗剂、三氯乙烯和碱液等进行浸—喷联合清洗。

3. 清洗剂

常用的清洗剂有各种石油溶剂、碱性清洗剂和清洗漆膜溶剂等。

（1）石油溶剂

石油溶剂主要有汽油、煤油、轻柴油和机械油等。

1）汽油：汽油是一种良好的清洗剂，对油脂、漆类的去除能力很强，是最常用的清洗剂之一。在汽油中加入2%～5%的油溶性缓释剂或防锈油，可使清洗的零件具有短期防锈能力。由于汽油易挥发易燃，在使用过程中应注意空气流通，工作地点汽油挥发浓度不许超过0.3mg/L，否则易发生危险。

2）煤油：煤油与汽油一样，也是一种良好的清洗剂，它的清洗能力不如汽油，挥发性和易燃性比汽油低，适用于一般机械零件的清洗。精密的零件一般不宜用煤油作最后的清洗。

3）轻柴油和机械油：轻柴油和机械油的黏度比煤油大，也可用作一般清洗剂，机械油加热后的使用效果较好，其加热温度不得超过120℃。

（2）碱性清洗剂

碱性清洗剂是一种成本较低的除油脱脂清洗剂，使用时一般加热至60～90℃进行清洗，浸洗或喷洗10min后，用清水清洗，效果较好。

（3）清洗漆膜溶剂

清洗漆膜溶剂主要有松香水、松节油、苯、甲苯、二甲苯和丙酮等。它们具有稀释调和漆、磁漆、醇酸漆、油基清漆和沥青漆等，因此常用来清洗上述漆膜。

4. 清洗时的注意事项

（1）清洗剂、清洗液挥发较重，有些有毒、易燃。因此，在室内或车间内清洗，特别是进入容器内清洗时，应配置通风设施，以保持室内良好的通风，配置消防器材，必要时需配备防毒用具；如用煤油清洗，油温不应超过40℃；用热机油清洗时，油温不得超过120℃；有汽油时不得见明火。

（2）清洗时应防止油料污染混凝土基础；使用有机溶剂时应防止其滴在设备表面造成油漆的破坏。

（3）针对所用清洗介质的特征，对清洗工作人员进行个人防护教育，并对工作人员配置必需的个人防护用品。

（4）对废弃清洗剂、清洗液的排放应制定排放措施，排放措施必须符合国家现行的有关环境保护法的规定。

5. 零部件清洗后的清洁度要求

采用目测法时，在室内白天或15～30W日光灯下肉眼观察表面应无任何残留。

采用擦拭法时，用清洁的白布（或黑布）擦拭清洗的检验部位，布的表面应无异物污染。

采用溶剂法时，用新溶液洗涤观察，溶剂中应无污物、悬浮或沉淀物。

将清洗后的金属表面用蒸馏水局部润湿。用 pH 试纸测定残留酸碱度，应符合其设备技术要求。

（四）机械零部件装配

零部件装配前应熟悉相关的装配图和技术文件及要求，了解零部件的结构特点和作用、相互连接关系及连接方式；根据其结构特点和技术要求，确定合适的装配工艺、方法和程序，选择合适的工具、量具及夹具。

1. 装配的一般规定

（1）对需要装配的零部件配合尺寸、相关精度、配合面、滑动面应进行复查和清洗处理，并应按照标记及顺序进行装配。

（2）装配前，将零部件的结合面清洗干净，去除毛刺等。配合表面加润滑剂，并选择合适的装配工具，不得直接击打装配件，以免使零件损坏。

（3）按装配工艺规程进行装配，防止错装、漏装。每一零部件装配完毕要及时检查装配精度并做记录。

（4）先组装组合件，然后组装部件，最后进行总装配。

（5）有平衡要求的旋转零部件，应按要求进行静平衡或动平衡试验；对有如装配间隙、过盈量、灵活度等装配技术要求的零部件，应边安装边检查调整，避免返工。

（6）对于过渡配合和过盈配合零件的装配，必须采用专门工具和工艺措施进行装配，过盈配合件装配时，应先涂润滑油脂。

（7）对油封件必须使用心棒压入，对配合表面要经过仔细检查和擦净，若有毛刺应经修整后方可装配。

（8）设备上较精密的螺纹连接或温度高于 200℃ 条件下工作的连接件及配合件等装配时，应在其配合表面涂上防咬合剂；各运动零部件的接触面，必须保证有足够的润滑；若有油路，必须畅通。

（9）各种管道和密封部位，装配后不得有渗漏现象。

（10）总装后的设备应进行试运转。试车前应检查各个部件连接的可靠性和运动的灵活性。

2. 联接与紧固

（1）螺栓或螺钉联接

螺栓或螺钉联接是一种可拆卸的固定联接，它具有结构简单、联接可靠、装拆方便等优点，在固定联接中应用广泛。

1）螺栓或螺钉联接的形式（表 4-1）

螺栓或螺钉联接的形式

表 4-1

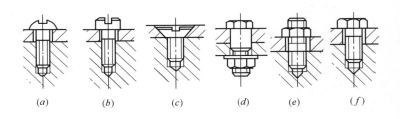

图号	名称	特点
(a)	半圆头螺钉联接	多为小尺寸螺钉，螺钉头上有一字或十字形槽，便于装卸。适用受力不大及一些轻小零件的联接。一般不用螺母，直接用螺钉拧入工件螺纹孔中
(b)	圆柱头螺钉联接	
(c)	沉头螺钉联接	
(d)	小六角头铰制孔用螺栓联接	螺栓杆与工件通孔配合良好，起紧固与定位作用，能承受侧向力，一般用于不必打销钉而又有定位要求的联接
(e)	双头螺栓联接	装配时一端拧入固定零件的螺纹孔中，再用螺母将联接件夹紧。适用于被联接件厚度较大或经常需要拆卸的地方
(f)	六角头螺栓联接	使用时不需螺母，通过零件的孔，拧入另一零件的螺纹孔中。用于不经常拆卸的地方

2）螺栓或螺钉联接的装配要求

① 图纸中对螺栓与螺母的材质有规定的，不得用普通螺栓或螺母代替；螺栓紧固时，宜采用呆扳手，不得使用打击法，紧固力不得超过螺栓的许用应力。

② 螺栓头、螺母与被连接件的接触应紧密；对接触面积和接触间隙有特殊要求时应按规定进行检验；有锁紧要求的螺栓，拧紧后应按其规定进行锁紧；用双螺母锁紧时，应先装薄螺母后装厚螺母，每个螺母下面不得用两个相同的垫圈。

③ 螺栓与螺母拧紧后，螺栓应露出螺母 2～3 个螺距，其支承面应与被紧固零件贴合，沉头螺钉紧固后，沉头应埋入机件内，不得外露。

④ 特制螺栓和高强螺栓装配前，应按要求检验螺孔孔径尺寸和加工精度。

⑤ 不锈钢、铜、铝等材质的螺栓装配时，应在螺纹部分涂抹防咬合剂。

⑥ 螺栓或螺钉联接件装配时，不仅要使用合适的工具、设备，还要按技术文件的规定施加适当的拧紧力矩。

⑦ 螺栓、螺母要求热装配时，螺栓加热伸长到规定尺寸后，方可拧紧螺母，并应正确拧至规定位置，严禁拧过规定范围；加热装配时，对角的两根螺栓或螺柱应同时进行；加热时，应尽量避免螺纹部分受热，若无法避免时，宜将螺母套在螺栓上一起加热；钢制螺栓加热温度不得超过 400℃。

⑧ 对成组螺栓或螺钉联接的装配，施力要均匀，按一定次序轮流拧紧（一般 2～3 次），如有定位装置（销）时，应先从定位装置（销）附近开始（图 4-4）。

⑨ 高强度螺栓的装配要求：

A. 高强度螺栓在装配前，应按设计要求检查和处理被联接件的接合面；装配时，接合面应保持干燥，严禁在雨中进行装配；

B. 不得用高强度螺栓兼做临时螺栓；

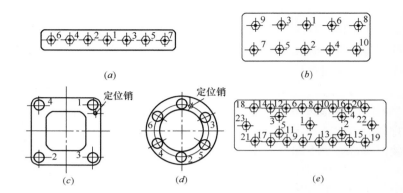

图 4-4　螺栓或螺钉联接拧紧顺序

(a) 直线单排型；(b) 平行双排型；

(c) 方框型；(d) 圆环型；(e) 多孔型

C. 高强度螺栓不得强行穿入螺栓孔；当不能自由穿入时，应用铰刀修整，铰孔前应将四周螺栓全部拧紧，修整后的最大孔径应小于螺栓直径的 1.2 倍；

D. 组装时，垫圈有倒角的一侧应朝向螺母支撑面；

E. 高强度螺栓的初拧、复拧和终拧应在同一天内完成；初拧扭矩应为终拧扭矩值的 50%，复拧扭矩应等于初拧扭矩，初拧或复拧后的高强螺栓应在螺母上涂上标记，然后按终拧扭矩值进行终拧，终拧后的螺栓应用另一种颜色在螺母上进行标记；

F. 紧固所用的扭矩扳手，每次使用前必须校正，其扭矩偏差不得大于 ±5%，校正用的扭矩扳手，其扭矩允许偏差为±3%。

3）螺栓或螺钉联接的紧固方法

螺栓或螺钉联接的紧固目的是增强连接的刚性、紧密性和防松能力，控制紧固力矩的方法一般有控制扭矩法、控制扭角法、控制螺纹伸长法和断裂法等方法。

4）螺栓或螺钉联接的防松

螺栓或螺钉联接一般都有自锁性，在受静载荷和工作温度变化不大时，不会自行松脱。但在冲击、振动或变载荷作用下，以及工作温度变化很大时，螺栓或螺钉联接就有可能回松，为了保证联接可靠，必须采用防松措施。螺栓或螺钉联接的防松方法，按照其工作原理可分为摩擦防松、机械防松、铆冲防松和黏合防松法。

（2）键、销联结

键是用来联结轴和轴上零件的一种标准零件，主要用于轴向固定以传递转矩，如图 4-5 所示。键连接具有结构简单，工作可靠、装拆方便等优点，因此在机械联结中应用广泛。根据结构特点和用途不同，可分为松键联结、紧键联结和花键联结三种。

销主要用于定位，也可用于联接零件（图 4-6），还可作为安全装置中的过载保险元件（图 4-7）。根据结构特点和用途不同分为圆柱销、紧圆锥销和花槽销等。

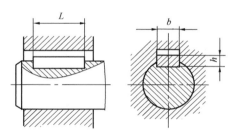

图 4-5 普通平键联接

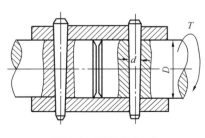

图 4-6 联接作用销

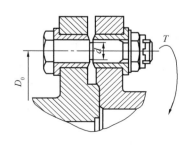

图 4-7 保险作用销

3. 过盈配合件的装配

零部件之间的配合，由于工作的情况不同，有间隙配合、过盈配合和过渡配合。其中过盈配合在零部件的连接中应用十分广泛。过盈联接是依靠包容件（孔）和被包容件（轴）配合后的过盈值，来达到紧固联接的目的。

过盈联接的结合面多为圆柱面，也有圆锥结合面。装配前应测量孔和轴的配合部位尺寸及进入端的倒角角度与尺寸，并应符合随机技术文件的规定；在联接过程中，包容件与被包容件要清洁，相对位置要准确，实际过盈量必须符合要求。

过盈配合装配方法常用的有冷态装配和温差法装配。

（1）冷态法装配

冷态法装配是指在不加热也不冷却的情况下进行压入装配，压入装配考虑压入时所要的压力和压入速度，一般手压时为 1.5t；液压式压床为 10～100t；机械驱动的丝杆压床为 5t。压入装配时的速度一般不宜超过 2～5mm；压入后 24h 内，不得使装配件承受载荷。纵向过盈联接的装配，宜采用压装法。

1）冷态法装配时，为保证装配质量，应遵守下列几项规定：

① 装配前，应检查互配表面有无毛刺、凹陷、麻点等缺陷；

② 被压入的零件应有导向装配，以免歪斜而引起零件表面的损伤；

③ 压入件先压入的一端应有 1.5～2mm 的圆角或 30°～45° 的倒角，以方便对准中心压入和避免零件的棱角将互配零件的表面刮伤；

④ 压入零件前，应在被压入零件表面涂一薄层不含二硫化钼添加剂的润滑油，以减少表面刮伤和降低装配压力，装入时用力应均匀，不得直接打击装配件。

2）冷态法装配常用压入工具（图 4-8）。

（2）温差法装配

采用温差法装配时，可加热胀大包容件或冷却收缩被包容件，也可同时加热包容件和冷却被包容件，以形成装配间隙。由

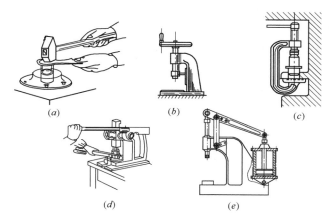

图 4-8　冷态法装配常用压入工具

(a) 用锤子敲击压入；(b) 螺旋压力机；(c) 专用螺旋的 C 形夹头；
(d) 齿条压力机；(e) 气动杠杆压力机

于这个装配间隙可使零件配合面保持原来状态，而且配合面的粗糙度不影响其结合强度，其连接强度和承载力比常温法装配的零件要大得多。

横向过盈连接的装配宜采用温差法；加热包容件时，加热应均匀，不得产生局部过热；未经热处理的装配件，加热温度应小于400℃；经过热处理的装配件，加热温度应小于回火温度。温度过高，零件的内部组织就会改变，且零件容易因变形而影响零件的质量。最小装配间隙按照表 4-2 选取。

最小装配间隙　　　　　　　　　　　　　　表 4-2

配合直径 d（mm）	≤3	>3~6	>6~10	>10~18	>18~30	>30~50	>50~80
最小间隙 （mm）	0.003	0.006	0.010	0.018	0.030	0.050	0.059
配合直径 d（mm）	>80~120	>120~180	>180~250	>250~315	>315~400	>400~500	—
最小间隙 （mm）	0.069	0.079	0.090	0.101	0.111	0.123	—

温差法装配时，应按随机技术文件规定，检查装配件的相互位置及相关尺寸；加热或冷却均不得使其温度变化过快，并应采取防止发生火灾及人员被灼伤或冻伤的措施。

1）加热法装配

加热法装配的加热方法常用的有热油加热、蒸汽加热和电感应加热等方法。

热油加热装配时，机油加热温度不应超过 $100 \sim 120℃$。使用蒸汽将包容件加热的蒸汽加热法，其加热温度可以比在机油中的加热温度略高，但应注意防止机件加工面生锈。

加热法装配应遵守下列几项规定：

① 对装配件进行清洗，以保证准确测量装配件的最大过盈量。

② 按测量值，计算出最大过盈量，准备装配工机、具。

③ 根据装配件的最大过盈量，确定最高加热温度。加热装配温度计算公式：

$$T_r = (Y_{max} + \Delta)/a_2 d + t$$

式中　T_r——包容件加热温度（℃）；

　　　Y_{max}——最大过盈值（mm）；

　　　Δ——最小装配间隙（mm），可按表 4-2 选取；

　　　a_2——加热线膨胀系数，$10^{-6}/℃$；

　　　d——配合直径（mm）；

　　　t——环境温度（℃）。

④ 对比实测过盈量与设计过盈量，防止过盈量超过设计值，造成包容件破裂。

⑤ 根据装配工件的材料特性，确定缓冷工艺，在缓冷过程中，应防止包容件沿轴向外缩移位。

2）冷却法装配

对于包容件尺寸较大的，热装配时不但需要花费很大能量和时间，而且还需要特殊装置和设备，这种零件装配时，一般选择冷却法装配。常用的冷却方式有利用液化空气和固态二氧化碳

（干冰）或电冰箱冷却等，干冰加酒精加丙酮冷却温度可达－75℃；液氨冷却温度可达－120℃；液氮冷却温度可达－195℃。

冷缩法装配应遵守下列几项规定：

① 对装配件进行清洗，以保证准确测量装配件的过盈量。

② 按测量值和计算出的冷却温度，选择合适的冷却方法和冷却剂，准备装配工机、具。冷却温度计算公式：

$$t_1 = (Y_{max} + \Delta)/a_1 d + t$$

式中　t_1——被包容件冷却温度（℃）；

　　　Δ——最小装配间隙（mm），可按表 4-2 选取；

　　　a_1——冷却线膨胀系数，$10^{-6}/℃$；钢的线膨胀系数为 $11 \times 10^{-6}/℃$。

③ 冷冻时间一般约为 70 分钟（可视工件的大小决定冷冻时间，工件大的时间可适当长些），在整个冷却过程中，不可对工件施加外力撞击，防止工件产生冷脆裂。

④ 冷冻后的工件出槽后应迅速安装于孔内，防止结霜增厚而影响装配质量。

4. 典型零部件装配

（1）滑动轴承的装配

当轴承和轴颈相对运动时，它们的接触面产生滑动摩擦，这种轴承称为滑动轴承。它的主要特点是运转平稳、无噪声、润滑油膜具有吸振能力，所以能承受较大的冲击载荷。

滑动轴承按润滑的形式分为：动压滑动轴承、静压滑动轴承；按结构分为：整体式滑动轴承、剖分式滑动轴承、锥形表面滑动轴承（内柱外锥式和外柱内锥式）、多瓦式自动调位轴承（三瓦式和五瓦式）。

1）轴承座安装

安装轴承座时，必须把轴瓦和轴套安装在轴承座上，按照轴套或轴瓦的中心进行找正，同一传动轴的所有轴承中心必须在一条直线上。

2）轴承的装配要求

① 上、下轴瓦的瓦背与对应轴承孔配合表面的接触精度应良好。

② 厚壁轴瓦的上、下轴瓦的接合面应接触良好。未拧紧螺栓时，应用 0.05mm 的塞尺从外侧检查，任何部位塞入深度均不应大于接合面宽度的 1/3；单侧间隙应为顶间隙的 1/2～2/3；上、下轴瓦内孔与对应轴颈应接触良好，其接触点数应符合随机技术文件或规范规定。

③ 薄壁轴承轴瓦与轴颈的配合间隙及接触状况一般由机械加工精度保证，其接触面一般不允许刮、研。瓦背与轴承座应紧密地均匀贴合，用着色法检查，且轴瓦内径小于 180mm 时，其接触面积不应少于 85％；轴瓦内径大于或等于 180mm 时，其接触面积不应少于 70％。装配后，应在中分面处用 0.02mm 的塞尺检查，不应塞入。

④ 整体式轴承安装：根据整体式轴承的轴套与座孔配合过盈量的大小，确定适宜的压入方法，尺寸和过盈量较小时，可用手锤敲入；在尺寸或过盈量较大时，则宜用压力机压入。对压入后产生变形的轴套，应进行内孔的修刮，尺寸较小的可用铰削；尺寸较大时则必须用刮研的方法。

⑤ 剖分式轴承安装：剖分式轴承上、下轴瓦与对应轴颈的接触不符合要求时，应对轴瓦进行研、刮，刮瓦后的接触精度应符合设计文件的要求。刮瓦时要在设备精平以后进行，对开式轴瓦一般先刮下瓦，后刮上瓦；四开式轴瓦先刮下瓦和侧瓦，再刮上瓦（图 4-9）。

⑥ 轴颈与轴瓦的侧间隙可用塞尺检查，侧间隙值应符合随机技术文件的规定；轴颈与轴瓦的顶间隙可用压铅法检查（图4-10），铅丝直径不宜大于顶间隙的 3 倍，在轴瓦中分面处宜加垫片，并扣上瓦盖加以一定压紧力进行测量。

⑦ 装配含油轴套时，轴套端部应均匀受力，并不得直接敲击轴套；轴套与轴颈的间隙宜为轴颈直径的 1‰～2‰。含油轴

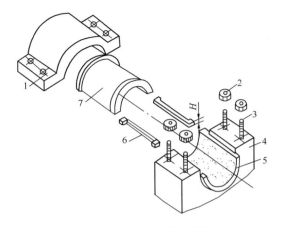

图 4-9　剖分式滑动轴承的零件组成

1—轴承盖；2—螺母；3—双头螺柱；4—轴承座；

5—下轴瓦；6—垫片；7—上轴瓦

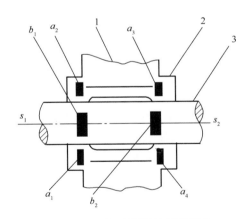

图 4-10　压铅法测量轴承顶间隙

1—轴承座；2—轴瓦；3—轴

s_1——端实测顶间隙（mm）；s_2—另一端实测顶间隙（mm）；

b_1、b_2—轴颈上各段铅丝压扁后的厚度（mm）；

a_1、a_2、a_3、a_4—轴瓦合缝处接合面上铅丝压扁后的厚度（mm）。

套装入轴承座时，其清洗油宜与轴套内润滑油相同，不得使用能溶解轴套内润滑油的任何溶剂。

（2）滚动轴承的装配

滚动轴承由外圈、内圈、滚动体和保持架四部分组成，工作时滚动体在内、外圈的滚道上滚动，形成滚动摩擦。它具有摩擦小、效率高、轴向尺寸小、装拆方便等优点。

滚动轴承按所能承受的载荷方向分类：向心轴承（径向接触轴承、向心角接触轴承）、推力轴承（轴向接触轴承、推力角接触轴承）；按轴承中的滚动体分类：球轴承、滚子轴承（圆柱、圆锥、调心滚子、滚针）；按调心性能分类：刚性轴承和调心轴承。

1）滚动轴承的装配要求

滚动轴承在装配前必须经过洗涤，以使新轴承上的防锈油被清除掉，同时也清除掉在储存和拆箱时落在轴承上的灰尘等。根据轴承尺寸、轴承精度、装配要求和设备条件，可以采用手压床和液压机等装配方法。若无条件，可采用适当的套管，用锤子打入，但不能直接敲打轴承。

根据轴承的不同特点，可以选用常温装配、加热装配和冷却装配等方法。

2）在剖分式轴承座上的安装：应先将轴承装在轴上，然后整体放在轴承座里，盖上轴承盖即可。但是剖分式轴承座不允许有错位和轴瓦口两侧间隙过小的现象，若有此情况，应该用刮刀进行修整。轴瓦（轴套）与上盖接触面的夹角应在 $80°\sim120°$ 之间，与底座接触面的夹角应为 $120°$，并且上、下接触面都应在座孔面的中间。

3）止推轴承的安装：止推轴承的活套圈与机座之间应保证 $0.25\sim1.0$mm 的间隙。当它的两个座圈内径不一致时，应把内径小的座圈安装在紧靠轴肩处。因此安装前要进行测量，否则容易装错。

4）所有滚动轴承座盖上的止口都不应偏斜，止口端面应垂直于盖的对称中心线；如有偏斜，要加以修正。油毡、皮胀圈等密封装置，必须严密。迷宫式的密封装置，在装配时应填入干油。装配轴承时还要检查轴承外圈是否堵住油孔及油路。

5）滚动轴承径向有一定的间隙，其最大间隙位置应在上面，当拧紧轴承座上盖螺钉后其间隙不应有变化。在拧紧螺钉前后，用手轻轻转动轴承时，感觉应当同样轻快、平稳，不应有沉重的感觉。

6）滚动轴承间隙的调整：滚动轴承的间隙分为径向间隙和轴向间隙两种，间隙的作用是保证滚动体的正常运转、润滑以及作为热膨胀的补偿量。

圆锥滚子轴承的间隙调整是通过轴承外圈来进行的，主要的调整方法如下：

① 垫片调整（图4-11）：先用螺钉将卡盖把紧，直至止口与轴承外圈端面没有任何间隙为止，同时用手盘转以轴转动自如为宜，然后用塞尺量出卡盖与机体间的间隙，再加上所需要的轴向间隙，即等于所需要加垫的厚度。假定需要几层垫片叠起来用时，其厚度一定要以螺钉把紧之后再卸下来测量的结果为准，不能以几层垫片直接相加的厚度为准，否则会造成误差。

② 螺钉调整（图4-12）：先把调整螺钉3上的锁紧螺母2松开，然后拧紧调整螺钉，使它压到止推环1上，止推环挤向外座圈，直到轴转动时吃力为止。最后根据轴向间隙的要求将调整螺钉倒转一定的角度，并把锁紧螺母拧紧，以防调整螺钉在设备运转中产生松动。

③ 止推环调整（图4-13）：将轴承安装好之后，先拧紧止推环1，直到轴转动吃力为止，然后根据轴向间隙的要求，倒拧一定的角度，最后用止动片2予以固定。轴承间隙调整好以后，还要进一步检查轴向间隙是否合适，可以用塞尺或百分表测量轴向间隙值。

（3）联轴器装配

联轴器是连接不同机构中的两根轴使之一同回转并传递扭矩的一种部件。

1）联轴器的分类及特点

按照被联接两轴的相对位置和位置的变动情况，联轴器分为固定式联轴器和可移式联轴器。

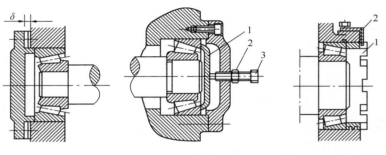

图 4-11　垫片调整　　　图 4-12　螺钉调整　　　图 4-13　止推环调整

常用的固定式联轴器有凸缘式联轴器。安装时，要严格使主动轴和从动轴同轴，否则将使轴、轴承及轴上其他零件承受额外载荷，影响设备正常运转。

常用的可移式联轴器有弹性圆柱销联轴器、尼龙柱销联轴器、齿轮联轴器等。这类联轴器允许两轴轴心线有一定的偏移量，安装时调整较方便。

2）联轴器装配的一般原则

① 联轴器装配时，两轴的同轴度与联轴器端面间隙，必须符合设计、规范或设备技术文件的规定；

② 联轴器的同轴度应根据设备安装精度的要求，采用不同的方法测量，如用刀口直尺、塞尺或百分表等测量；

③ 联轴器套装时，一般联轴器和轴为过盈配合，有冷装配法和热装配法，如联轴器直径过小、过盈量又不大时，可采用冷装配法；如联轴器直径较大、过盈量又大时，应采用

热装配；

④ 联轴器与轴装配好后，用百分表测量轴向和径向跳动值。

（4）齿轮的装配

齿轮的装配是将要装配的齿轮、轴及轴承等多种零件，按照一定的工艺要求，通过正确的装配方法装配起来，并经过必要的调整，从而提高齿轮的传动精度，减少噪声，避免冲击，使齿轮传动装置能长久可靠地工作。

1）为了保证齿轮装配质量，应注意以下一些问题：

① 正确选定装配方法、装配程序，准备装配工具。装配顺序最好按与传递运动相反的方向进行，即从最后的被动轴开始，以便于调整。

② 对用于分度的齿轮传动，装配时不仅要减少噪声，而且还要保证分度均匀。在调整时尽量取齿侧间隙的最小值，同时使径向跳动量最小。

③ 装配时要使轴承的松紧适当。太松，轴承旋转时会产生噪声；太紧，则当轴受热时没有膨胀的余地，使轴弯曲变形，影响齿轮的啮合。

④ 齿轮装配，宜从转速最低的一根轴装起，并应完成一对检测一对。

⑤ 装配后应盘车检查，转动应平稳、灵活、无异常声响。

2）齿面啮合情况和齿侧间隙检查方法

① 齿面啮合检查：齿面啮合情况常用涂色法检查。在主动轮齿面上涂一薄层红丹粉使齿轮啮合旋转，检查另一齿轮齿面上的接触印痕。正确的啮合应使印痕沿节圆均匀分布。

② 齿侧间隙检查：齿侧间隙是指互相啮合的一对齿轮在工作面之间沿法线方向的距离。齿侧间隙的检查，可用塞尺、百分表或压铅丝等方法来实现。

（5）密封件的装配

密封件的形式及装配要求   表 4-3

密封件形式	装配要求
"O"形密封圈	密封圈不得有扭曲和损伤；装配直径过大的"O"形密封圈时往往不易固定，可用设计要求或允许使用的胶粘剂进行固定；当设计无明确要求时，可用透明胶纸进行固定；压紧密封时，螺栓紧固应对称施拧，逐步紧固，用力要均匀
"V""U""Y"形密封圈	支撑环、密封环和压环必须配套使用，组装应正确，且不宜压得过紧；槽口必须朝向压力偏高的一侧，唇边不得有损伤；密封环如需搭接，接口应切成45°剖面，用相应胶粘剂粘结，相邻两圈的接口应错开90°以上；密封圈在壳体内应可靠地固定
机械密封	检查机械密封各组件，不得有损坏；密封装置装配面均应无异物和灰尘；密封装置的压缩量应符合设备技术文件规定；密封装置装配到位后，对密封间隙进行检查，要保证间隙符合规定；机械密封装置的冷却、冲洗、密封系统，应保持洁净；防尘节流环、防尘迷宫密封装置，装配后应在动、静间隙内填满润滑脂（气封密封除外）
金属垫料	厚度要均匀、无毛刺；铜、铝质密封垫料，装配前应经退火；垫料尺寸应较垫料槽口尺寸略小；退火后的密封垫料，应用细砂布或油石磨平磨光
非金属垫料	石棉板、橡胶石棉板或纸垫料，一般不宜有接头。如有特殊情况，其接头应剖口搭接或隼插接法；安装时宜于垫料表面涂一层稀油调和的石墨粉；压紧密封时，应对称逐步施拧，用力要均匀
填料	毛毡密封，毛毡应先放入热油液中浸泡数分钟再安装；石棉盘根等作密封，应保证盘根能压紧；多层油浸石棉盘根，第一圈和最后一圈宜压装干石棉盘根；铝箔、铅箔包石棉盘根，应在盘根内缘涂一层用稀油调和的石墨粉；盘根圈的接口宜切成45°坡口，相邻两圈的接口位置应错开90°以上；装入时应按设备技术文件规定次序，用适用工具整圈均匀压入

五、设备安装工艺基础

（一）设备基础处理

1. 基础检查验收

（1）基础检查验收

1）所有基础表面的模板、地脚螺栓固定架及露出基础外的钢筋等都要拆除，杂物及脏物和水要全部清除干净。

2）对基础进行外观检查，不得有蜂窝、空洞及露筋等缺陷，用 50N 的手锤敲击基础，检查密实度，不得有空洞声音。

3）按设计图纸的要求，检查所有预埋件（包括地脚螺栓）的正确性。

4）根据设计图纸，对设备基础的位置与尺寸进行复验，其偏差不得超过允许偏差（表 5-1）。

设备基础位置和尺寸的允许偏差 表 5-1

项目		允许偏差（mm）
坐标位置（纵横中心线）		20
不同平面的标高		0，−20
平面外形尺寸		±20
凸台上平面外形尺寸		0，−20
凹穴尺寸		+20，0
平面的水平度	每米	5
	全长	10
垂直度	每米	5
	全高	10

项目		允许偏差（mm）
预埋地脚螺栓	标高	+20，0
	中心距	±2
预留地脚螺栓孔	中心线位置	10
	深度	+20，0
	孔壁的垂直度	10
预埋活动地脚螺栓锚板	标高	+20，0
	中心线位置	5
	带槽锚板的水平度	5
	带螺纹孔锚板的水平度	2

5）对大型设备或高精度设备及冲压设备的基础，应经预压合格，并应有预压及沉降观察记录。

（2）基础的偏差处理

设备基础经检查验收，如发现有不符合要求的部分应进行处理。针对基础不同的偏差缺陷，通常可采用下列处理方法：

1）当基础标高过高时，可用凿子将高出部分凿除；当低于设计标高时，可将原来的基础表面铲出麻面后再补灌同强度的混凝土。

2）当基础中心线偏差过大时，可用改变地脚螺栓的位置来调整补救。

3）对于地脚螺栓孔中心线发生偏移的情况，可用扩大地脚螺栓孔的方法来修正；当地脚螺栓孔垂直度发生偏差时，可用修整地脚螺栓孔壁的方法来纠正。

4）地脚螺栓的偏差处理

地脚螺栓埋设的好坏，直接影响设备安装的质量。有些设备对标高、位置的准确性要求很严，特别是自动化程度高的联动设备，要求更严，因此在设备安装之前，必须对其进行检查和矫正。当发生偏差而必须进行处理时，应根据偏差的具体情况，采用不同的处理方法（图 5-1）。

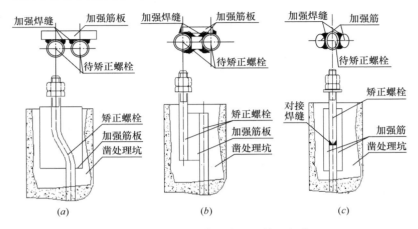

图 5-1　地脚螺栓偏差类型和处理方式

（*a*）螺栓热弯纠偏处理；（*b*）螺栓绑接纠偏处理；（*c*）螺栓对接加长处理

2. 基础放线

（1）一般设备安装就位前采用几何法进行基础平面位置放线。放线前应将基础表面冲洗干净，清除孔洞内一切杂物。

1）根据施工图和有关建筑物的柱轴线、边沿线、标高线，划定设备安装的基准线（平面位置纵、横向和标高基准线）。

2）较长的基础可用经纬仪或吊线的方法确定中心点，然后划出平面位置基准线（纵、横向基准线）。

3）基准线被就位的设备覆盖，但就位后又必须复查的应事先将基准线引出，并做好标识。

（2）根据建筑物或划定的安装基准线测定的标高，用水准仪转移到设备基础适当位置上，并划定标高基准线或埋设标高基准点。根据基准线或基准点检查设备基础的标高以及预留孔或预埋件的位置是否符合设计或规范要求。

（3）对于联动设备的轴心线，如轴心线较长，放线有误差时，可架设钢丝替代设备中心基准线。

（4）相互有连接、排列或衔接关系的设备，应划定共同的安装基准线。必要时，埋设临时或永久性的中心标板或基准点，埋设标板应符合下列要求：

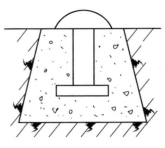

图 5-2　基准点埋设

1）中心标板或基准点，应在浇筑基础混凝土时配合土建埋设，也可在基础上预留埋设孔洞，待基础养护期满后再埋设，但预留孔洞的大小要合适，孔要下大上小，位置适宜（图 5-2）；

2）设置中心标板或基准点时，材料宜选用铜或不锈钢材质；

3）中心标板或基准点埋设应位置准确牢固，并便于保护和维护；

4）标板中心线应尽量与基础中心线一致；

5）标板顶端应外露 4～6mm，切勿凹入；

6）待基础养护期满后，在标板上定出中心线，打上冲眼（直径为 1～2mm）。为了便于识别，可在周围画红漆作明显的标志。

3. 基础研磨

对大型设备、高转速机组及安装精度要求较高或运行中有冲击的设备基础，为了机组的稳定性和受力均匀，应根据设计及设备技术要求，对基础安放垫铁部位（超过垫铁四周约 20～30mm）进行研磨。

机组各垫铁位置确定后，用扁铲对基础进行加工，应避免产生孔洞。基础研磨时，用水平仪在平垫板上测量水平度，其纵横之差一般不大于 0.1/1000，用着色法检查垫铁与基础的接触面积，其接触面积一般不小于 70%，并均匀分布。

垫铁与基础研磨好后，用水平仪测量各垫铁间的高差，以垫铁厚度和垫铁块数调整各组垫铁的标高，各组间的相对高差应控制在 1mm 以内，并且每组垫铁一般不超过 5 块，并少用薄垫铁。

垫铁位置以外的设备基础表层，凡需二次灌浆的部位应将基础表面浮浆打掉，并清洗干净，方能进行设备就位。若采用坐浆法放置垫铁，则应在设置垫铁的基础部位凿出坐浆坑。

（二）设备就位与安装

1. 设备搬运与开箱检查

（1）设备搬运

设备搬运前应熟悉有关专业规程、设计和设备技术文件对设备搬运的要求，了解设备的重量以及结构等，并根据运输道路确定搬运方案，对大型长体设备要明确支承点和吊运捆扎点。大型机械设备常用的搬运方法有拖排搬运、滚杠搬运、滑台轨道搬运。

（2）设备开箱检查

1）设备开箱前应做好下述准备工作：

① 查对箱号、设备型号、规格及箱数，检查包装情况；

② 清除箱板上的灰土等污物。

2）开箱时的注意事项

① 开箱时必须再次核对箱号、设备型号和规格及箱数，以防开错；

② 开箱时应采用合适的工具，如起钉器和撬杠，严禁用大锤向箱体猛烈敲击；

③ 开箱时拆下的箱板严禁随处乱放，以免箱板上的钉子等刺伤手足；

④ 大型复杂设备应按安装顺序分批开箱。设备上的防护物和包装应待施工工序需要时再拆除，以免增加保管难度或造成设备受损；

⑤ 注意零件的合并与分拆，应按零件图纸加以核对；

⑥ 防护油脂清洗前，不得转动和滑动可转动的部件，禁止盲目敲打；如要检查有关可转动和滑动部件，首先应将防护油脂

清洗干净，涂上润滑油后进行，检查完后需重新用防护油脂进行保护；

⑦ 对有缺陷和损坏的部分，应重点检查，若缺陷部分导致安装质量达不到规范要求，应协同各方另行确定安装质量和标准，并做好记录。

3）设备开箱后的保管

① 对经验收后的全部零部件，按安装的先后顺序要求存放整齐，妥善保管；

② 不能及时投入组装的零部件，应将检查时所擦去的油脂重新涂好；

③ 对易碎、易散失和精密的零部件等，应单独登记编号，以免混淆或遗失；

④ 各种设备、零部件和专用工具等，施工中应妥善保管，防止变形、损坏、锈蚀或丢失；

⑤ 设备箱内贵重的设备和电气仪表件应由有关专业人员进行检查和保管。

2. 地脚螺栓

地脚螺栓的作用，是靠金属表面与混凝土间的黏着力和混凝土在钢筋上的摩擦力而将设备与基础牢固的连接。

（1）地脚螺栓的分类

地脚螺栓可分为固定地脚螺栓、活动地脚螺栓和胀锚地脚螺栓三种。

1）固定地脚螺栓：通常用来固定工作时没有强烈振动和冲击的中小型设备，一般与基础浇灌在一起，其尾部多做成开叉和带钩的形状，有时还在钩孔中穿上一根横杆以防扭转和增大抗拔能力（图 5-3）。

2）活动地脚螺栓：通常用来固定工作时有强烈振动和冲击的重型设备，有 T 形头螺杆和双头螺栓两种形式（图 5-4），活动地脚螺栓必须与锚板配合使用，活动地脚螺栓孔不应浇灌混凝土，以方便移动设备或更换地脚螺栓。

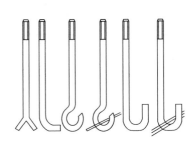

图 5-3 固定地脚螺栓

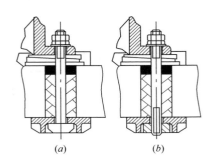

图 5-4 活动地脚螺栓

(a)"T"形头式;(b)双头螺纹式

3) 胀锚地脚螺栓:又称固定式或膨胀螺栓。这种地脚螺栓的特点是依靠螺杆在地脚螺栓孔内楔住的办法,使地脚螺栓与混凝土连成一体。胀锚地脚螺栓比固定地脚螺栓施工简单、方便,定位精确。

(2) 地脚螺栓的埋设

地脚螺栓在埋设前,应将其上的锈垢、油质清洗干净,但螺纹部分要涂上油脂。然后检查其与螺母配合是否良好;埋设过程中,应防止杂物掉入螺栓孔内;地脚螺栓露出基础部分应垂直,设备底座螺栓孔和地脚螺栓要有一定的调节余量,不应有卡阻现象。

3. 垫铁

垫铁用于设备的找正调平,使机械设备安装达到所要求的标高和水平,同时承担设备的全部重量和拧紧地脚螺栓的预紧力,并将设备的振动均匀传递给基础,以减小设备的振动。

(1) 垫铁的种类和规格

垫铁按其材质分为铸造垫铁和钢制垫铁;按其形状分为平垫铁、斜垫铁、开口垫铁、钩头垫铁和可调垫铁等。斜垫铁与平垫铁配合使用时的规格和尺寸,如图 5-5 和表 5-2 所示。

斜垫铁的斜度宜为 1/10～1/20;振动或精密设备的垫铁斜度可为 1/40。

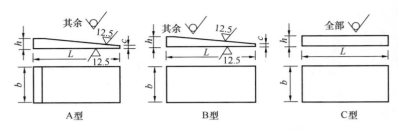

图 5-5 斜垫铁和平垫铁

斜垫铁与平整铁的规格和尺寸（mm）　　表 5-2

斜垫铁								平垫铁		
A 型				B 型				C 型		
代号	L	b	c	代号	L	b	c	代号	L	b
斜 1A	100	50	3～4	斜 1B	90	50	3	平 1	90	50
斜 2A	140	70	4～8	斜 2B	120	70	4	平 2	120	70
斜 3A	180	90	6～12	斜 3B	160	90	6	平 3	160	90
斜 4A	220	110	8～16	斜 4B	200	110	8	平 4	200	110
斜 5A	300	150	10～20	斜 5B	280	150	10	平 5	280	150
斜 6A	400	200	12～24	斜 6B	380	200	12	平 6	380	200

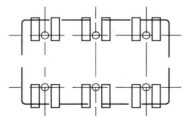

图 5-6　标准垫法

（2）垫铁的布置方法

1）标准垫法

如图 5-6 所示，这种垫法是将垫铁放在地脚螺栓的两侧，这是放置垫铁的基本做法。

2）十字形垫法

如图 5-7 所示，这种垫法适用于设备较小，地脚螺栓距离较近的情况。

3）井字形垫法

如图 5-8 所示，这种垫法适用于设备底座近似方形，底座面积较大的情况。

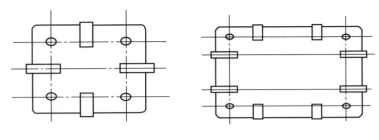

图 5-7　十字形垫法　　　　　图 5-8　井字形垫法

4）筋底垫法

当设备底座下部有筋条时，把垫铁垫在筋条底下面，以增强设备的稳定性。

5）辅助垫法

如图 5-9 所示，地脚螺栓间距过大时，应在中间加一组辅助垫铁。

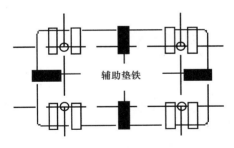

图 5-9　辅助垫法

（3）垫铁组的安放要求

1）垫铁组在不影响灌浆的情况下，应尽量放在靠近地脚螺栓和底座主要受力部位的下方。

2）每个地脚螺栓的旁边应至少设置一组垫铁；垫铁间距一般为 500～1000mm，过大时，中间应增加辅助垫铁。

3）设备调平后，垫铁应露出设备底座外缘；平垫铁宜露出

10～30mm，斜垫铁宜露出 10～50mm。垫铁组伸入设备底座面的长度应超过地脚螺栓的中心。

4）每组垫铁块数不宜过多，一般不超过 5 块。厚的放在下面，薄的放在上面，最薄的放在中间；垫铁厚度不宜小于 2mm。

5）承受载荷的垫铁组，应使用成对斜垫铁；承受重载荷或连续振动的设备，宜使用平垫铁。

6）设备找平找正后，除铸铁垫铁外，各垫铁相互间要点焊在一起。

7）每一垫铁组应放置整齐平稳，接触良好。设备调平后，每组垫铁均应压紧，并应用手锤逐组轻击听音检查。对高速运转的设备，当采用 0.05mm 塞尺检查垫铁之间及垫铁与底座面之间的间隙时，在垫铁同一断面处其两侧塞入的长度总和不得超过垫铁长度或宽度的 1/3。

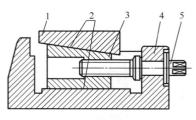

图 5-10　螺栓调整垫铁
1—升降块；2—调整块滑动面；3—调整块；
4—垫座；5—螺栓

8）设备采用螺栓调整垫铁（图 5-10）调平的要求：

① 螺纹部分和调整块滑动面上应涂以耐水性较好的润滑脂。

② 调平应采用升高升降块的方法，当需要降低升降块时，应在降低后重新再作升高调整；调平后，调整块应留有调整的余量。

③ 垫铁垫座应用混凝土灌牢，但不得灌入活动部分。

9）设备采用减震垫铁调平的要求：

① 基础或地坪应符合设备技术要求；地坪（基础）的高低差不得超出减震垫铁调整量的 30%～50%；放置减震垫铁的部位应平整。

② 减震垫铁按设备要求可采用无地脚螺栓或胀锚地脚螺栓固定。

③ 设备调平时，各减震垫铁的受力应均匀，在其调整范围内应留有余量，调平后应将螺母锁紧。

④ 采用橡胶垫型减震垫铁时，设备调平后经过 1～2 周，应再次调平。

（4）采用坐浆法放置垫铁时，坐浆混凝土的配制及垫铁放置要求：

1）混凝土的配制要求

① 坐浆混凝土的浇筑材料应采用塑性期和硬化后期均保持微膨胀或微收缩状态的和泌水性小的无收缩水泥，砂应采用中砂，石子的粒度宜为 5～15mm。

② 坐浆混凝土的塌落度应为 0～10mm；48h 的强度应达到设备基础混凝土的设计强度。坐浆混凝土应分散搅拌，随拌随用；材料称量应准确，并应将称量好的材料先干拌均匀，再加水搅拌，用水量应根据施工季节和砂石含水率调整控制；搅拌好的混凝土不得加水使用。

2）垫铁放置要求

① 在设置垫铁的混凝土基础部位凿出坐浆坑；坐浆坑的长度和宽度应比垫铁的长度和宽度大 60～80mm；坐浆坑凿入基础表面的深度不应小于 30mm，且坐浆层混凝土的厚度不应小于 50mm（图5-11）。

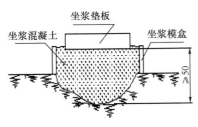

图 5-11　坐浆法放置垫铁

② 应用水冲或用压缩空气清除坑内的杂物，并浸润混凝土坑约 30min，坑内不得有积水和油污。

③ 在坑内应涂一层薄的水泥浆；水泥浆的水灰比宜为 2：1～2.4：1。

④ 随即将搅拌好的混凝土灌入坑内。灌筑时应连续捣至浆浮于表层；混凝土表面形状应呈中间高四周低的弧形。

⑤ 当混凝土表面不再泌水或水迹消失后，即可放置垫铁并测定标高。垫铁上表面标高允许偏差为±0.5mm；垫铁放置于混凝土上应用手压或手锤垫木板敲击垫铁面，使其平稳下降；敲击时不得斜击。

⑥ 垫铁标高测定后，应拍实垫铁四周混凝土；混凝土表面应低于垫铁面2～5mm，混凝土初凝前应再次复查垫铁标高。

⑦ 盖上草袋或纸袋并浇水湿润养护，养护期间不得碰撞和振动垫铁。

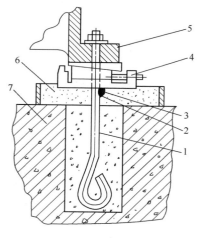

图 5-12 压浆法

1—地脚螺栓；2—点焊位置；3—支承垫铁用的小圆钢；4—螺栓调整垫铁；5—设备底座；6—压浆层；7—基础

（5）采用压浆法放置垫铁的施工要求：

1）先在地脚螺栓上点焊一根小圆钢。小圆钢点焊的位置，应根据调整垫铁的升降块在最低极限位置时的厚度、设备底座的地脚螺栓孔深度、螺母和垫圈厚度、地脚螺栓露出螺母的长度累加计算确定。点焊位置应在小圆钢的下方（图5-12）；点焊的强度应在调整升降块时能自行胀落。

2）将焊有小圆钢的地脚螺栓穿入设备底座地脚螺栓孔。

3）设备用临时垫铁组初步找正和调平。

4）将调整垫铁的升降块调至最低位置，并将垫铁放到地脚螺栓的小圆钢上，将地脚螺栓的螺母稍稍拧紧，使垫铁与设备底座紧密接触。

5）灌浆时，应先灌满地脚螺栓孔，待混凝土达到规定强度的75％后，再灌垫铁下面的压浆层，压浆层的厚度为30～50m。

6）压浆层达到初凝后期（手指按压还略有凹印）时，应调整升降块，胀脱小圆钢，使垫铁与压浆层和垫铁与设备底面均接触紧密。

7）压浆层达到规定强度的75％后，应拆除临时垫铁组，进行设备的最后找正和调平。

8）当不能利用地脚螺栓支承调整垫铁时，可采用调整螺钉或斜垫铁支承调整垫铁；待压浆层达到初凝后期时，松开调整螺钉或拆除斜垫铁，调整升降块，使垫铁与压浆层和垫铁与设备底座面均接触紧密。

（6）设备采用无垫铁安装的施工要求

1）应根据设备的重量和底座的结构确定临时垫铁、小型千斤顶或调整顶丝的位置和数量。

2）当设备底座上设有安装用的调整螺钉时，支撑螺钉用的钢垫板放置后，其顶面水平度的允许偏差应不大于1/1000。

3）灌浆层宜采用补偿收缩混凝土，灌浆层应及时捣实，待灌浆层达到设计强度的75％以上时，方可松掉螺钉或取出临时支撑件，并应复测设备水平度，将支撑件的空隙用砂浆填实。

4. 设备的就位、找正和调平

（1）设备划线

在设备上划设备定位基准线称为设备划线。在设备上划定位基准线的关键是找出设备底座或其他加工表面上与安装基准线相应的轴线（或中心线）。

（2）设备就位

设备就位就是将设备起吊到已准备好的基础上。就位的方法应根据设备的重量、现场的施工条件及起重运输机械等选择。设备就位时应注意下列事项：

1）设备就位前应仔细检查基础上的安装基准线和设备上所划的定位基准线是否符合要求；

2）地脚螺栓、螺母、垫圈、垫铁等是否齐全到位；

3）需进行二次灌浆的部位应按要求铲除麻面；

4）设备底座面及基础面均应按要求清理干净；

5）设备就位后，应放置平稳，防止变形和倾倒。

（3）设备的找正和调平

找正和调平是设备安装过程中的关键工序。设备的找正调平就是找中心、找标高和找水平。一般分两步进行，即初平和精平。

1）设备初平：

主要是找正设备中心、标高位置和设备水平。设备初平通常与设备的吊装就位同时进行，即设备吊装就位时要安放垫铁、安装地脚螺栓，按定位基准线和安装基准线调正设备，通过增减垫铁的厚度（或数量）调整设备的标高及水平度，从而对设备初步找正调平。

标高和水平度的调整要相互兼顾，同时进行。设备的找正调平的测量位置，当设备技术文件无规定时，应在下列部位中选择：设备的主要工作面，支承滑动部件的导向面，轴颈或外露轴的面，部件上加工精度较高的表面，设备上水平或垂直的主要轮廓面。连续运输设备和金属结构宜选在主要部件的基准面部位，相邻两测点间距离不宜大于 6m。

设备找正调平的定位基准面、线确定后，设备的找正调平均应在给定的测量位置进行检验，复检时亦不得改变原测量位置。

平面位置安装基准线与基础实际轴线或与厂房墙、柱的实际轴线、边缘线的允许偏差为 ±20mm。

设备定位基准的面、线或点与安装基准线的平面位置和标高的允许偏差，应符合表 5-3 的规定。

设备定位基准对安装基准线的允许偏差　　　表 5-3

项　目	允许偏差（mm）	
	平面位置	标高
与其他设备无直接联系时	±10	+20，−10
与其他设备有直接联系时	±2	±1

设备初平后，即可进行地脚螺栓灌浆，灌浆用混凝土应比基础混凝土的强度等级高一级。

2）三点找正法：三点找正法就是在设备底座下选择适当的位置，用三组调整垫铁来调整设备的标高、中心线和水平度。第一步是在放入调整垫铁后使设备标高略高于设计标高 1～2mm；第二步是将永久垫铁放入预先安排的位置，其松紧程度以用手锤轻轻敲入为准，要使全部垫铁都达到这种要求；第三步是将调整垫铁拆除，使机座落在永久垫铁上，拧紧地脚螺栓，并复查设备的标高、水平度、中心线以及垫铁的松紧度，达到标准要求后，即调整完毕。

3）设备精平：精平是在设备初平的基础上（地脚螺栓已灌浆固定，混凝土强度不低于设计强度的 75%），对设备的水平度、垂直度、平面度、同心度等进行检测和调整，使设备完全达到安装规范规定的精度要求，精平是对设备进行的最后一次全面检查调整。

5. 地脚螺栓孔灌浆及二次灌浆的季节性施工与养护

设备完成精平的各项检测合格后（即设备的标高、中心、水平度以及精平中的各项检测完全符合技术文件及规范要求），即可进行二次灌浆。

（1）二次灌浆

1）二次灌浆层的灌浆工作一般应在垫铁隐蔽工程检查合格，设备的最终找平、找正后 24h 内进行，否则在灌浆前应对设备的找平、找正数据进行复测核对。

2）安装就位的设备具备二次灌浆条件后及时办理工序交接，二次灌浆工作的具体要求如下：

① 灌浆处用水清洗干净并充分润透后方可进行灌浆工作。

② 灌浆宜采用细碎石混凝土，其强度应比基础或地坪的混凝土强度高一级；灌浆时应捣实，不应使地脚螺栓歪斜和影响机械设备的安装精度。

③ 灌浆用混凝土的标号应比基础混凝土标号高一级。当灌

浆层与设备底座面接触要求较高或设备底座与基础表面距离少于 30mm 时，宜采用 CGM 高强无收缩灌浆料。

④ 灌浆前应敷设外模板，外模板至设备底座面外缘的距离不宜小于 60mm，模板拆除后应进行抹面处理。当设备底座下不需全部灌浆，且灌浆层承受设备负荷时，应敷设内模板。

⑤ 灌浆层厚度不应小于 25mm。但用于固定垫铁或防止油、水进入的灌浆层，其厚度可小于 25mm。每台设备的灌浆工作必须连续进行，不得分次浇灌。

⑥ 二次灌浆抹面层外表面应平整美观，不得有裂缝、蜂窝、麻面等缺陷，上表面略有向外的坡度，高度略低于设备支座外缘上表面；当要求灌浆层与设备底座面紧密接触时，其接触面间不得有空隙，接触应均匀。

（2）二次灌浆的季节性施工与养护

根据施工季节和环境条件做好二次灌浆层的养护工作，灌浆层强度未达到要求前，不得对设备进行任何安装和拆卸工作。

1）灌浆应在气温 5℃ 以上进行，当室外平均气温连续 5 天稳定低于 5℃ 即进入冬期施工，当室外平均气温连续 5 天低于 5℃ 或日最低气温低于 −3℃ 时，应采取冬季施工技术措施，如用温水搅拌或掺入一定数量的早强剂等。当用温水搅拌时，水温不得超过 60℃，以免水泥产生假凝，影响灌浆的混凝土质量。用早强剂时，一般可采用氯化钙、氯化钠等，以降低水的冰点，加快混凝土早期强度的增长速度，避免在混凝土硬化过程中结冰，其掺入量不得超过水泥重量的 3%。

2）冬季二次灌浆施工时，在混凝土浇捣后，在表面用草帘等保温材料覆盖保养，减少水泥与水起水化作用时放出的热量及砂、石、水预热所含热量的散失，以达到维持混凝土在终凝前所需的温度；在车间内部的设备基础，可以采用提高室内温度的方法来进行养护。

（三）机械设备的检验、调整与试运转

1. 机械设备的检验和调整

机械设备安装后，需对安装设备的转动机构、传动机构和运动机构进行检验和调整。检验的目的是考察部件的装配工艺是否正确，检查安装的设备是否符合设计要求。凡检查出不符合要求的地方，都须进行调整，为试运转创造条件，保证安装的设备达到规定的技术要求和生产能力。

2. 机械设备的试运转

（1）设备试运转的目的

设备试运转是检验设备在设计、制造和安装等方面是否符合工艺要求和满足设备技术参数，设备的运行特性是否符合生产的需要，并对设备试运转中存在的缺陷进行分析处理。

（2）设备试运转的条件

机械设备试运转涉及的问题面较广，安装人员在试运转前一定要熟悉有关技术资料，掌握设备的结构性能和安全操作规程，才能搞好试运转。

1）设备及其附属装置、管路及安全设施等均应全部施工完毕，并经验收合格。润滑、液压、冷却水、气（汽）、电气、仪表控制等附属装置均应按系统检验完毕，并符合试运转的要求。

2）设备试运转用料、工具、检测用仪器仪表、记录表格和消防安全设施等均应符合试运转的要求。

3）对大型、复杂和精密设备，应编制试运转方案或操作规程。

4）参加试运转的人员，应熟悉设备的构造、性能、设备技术文件，并应掌握操作规程。

5）设备试运转现场照明应充足，周围环境应清扫干净，设备附近不得进行有粉尘或噪声较大的作业。

（3）设备试运转的步骤

试运转应为先手动，后电动；先点动，后连续；先低速，后中高速；先无负荷，后负荷；先从部件开始，由部件到组件，由组件至单台设备，再由单台至数台的联动试运转。在上一步骤未合格前，不得进行下一步骤的试运转。

试运转时，能手动的部件应先手动盘车，对于大型设备可利用盘车器等进行盘车检查，没有异常现象时方可正式运转。

（4）设备无负荷及负荷试运转

设备试运转应按设备说明书规定和操作程序进行。其中连续运转时间无规定时，应按各类设备安装验收规范的规定执行。

无负荷试运转时检查设备各部件的动作和相互间作用的准确性，同时使运动部件的摩擦表面初步磨合。

负荷试运转时，使设备带上与生产情况相似的工作负荷，检验设备能否达到正式生产的性能要求。

（5）设备试运转时应进行下列各项检查：

1）主运动机构和各运动部件应运行平稳，应无不正常的声响；摩擦面温度应正常无过热现象；

2）主运动机构的轴承温度和温升应符合有关规定；

3）润滑、液压、冷却、加热和气动系统，有关部件的动作和介质的进、出口温度等均应符合规定，并应工作正常、畅通无阻、无渗漏现象；

4）各种操纵控制仪表和显示等，均应与运行实际相符，工作正常、正确、灵敏和可靠；

5）机械设备的手动、半自动和自动运行程序，速度、进给量及进给速度等，均应与控制指令要求相一致，其偏差应在允许的范围之内。

六、建筑工程常见的设备安装

（一）泵类设备的安装

1. 泵类设备概述

泵是一种用来移动液体、气体或特殊流体介质的装置，即是对流体作功的机械。

泵的种类按照作用原理可分为动力式泵、容积式泵及其他类型泵。各种离心泵、轴流泵、混流泵、旋涡泵均属于动力式泵；往复泵、回转泵属于容积式泵；射流泵、真空泵、电磁泵则属于其他类型泵；按输送液体性质不同，可分为清水泵、污水泵、油泵、酸泵、液氨泵、泥浆泵和液态金属泵等；按压力又分为低压泵、中压泵和高压泵。

2. 泵的安装工艺要点

（1）整体安装的泵，纵向安装水平偏差不应大于 0.10/1000，横向安装水平偏差不应大于 0.20/1000，在泵的进出口法兰面或其他水平面上进行测量；解体安装的泵纵向和横向安装水平偏差均不应大于 0.05/1000，在水平中分面、轴的外露部分、底座的水平加工面上进行测量。

（2）大、中型泵机组找正、调平，应符合下列要求：

1）应以泵轴或驱动机轴为基准，依次找正、调平变速器（中间轴）和泵体或驱动机；其纵、横向安装水平偏差不应大于 0.05/1000；机组轴系纵向安装水平的方向应相同，且使轴系形成平滑的轴线，横向安装水平方向不宜相反；

2）联轴器的径向位移、轴向倾斜和端面间隙，应符合随机技术文件的规定；无规定时，应符合现行国标《机械设备安装工程施工及验收通用规范》GB 50231 的有关规定；联轴器应设置护罩，护罩应能罩住联轴器的所有旋转零件；

3）汽轮机驱动的泵和输送高温、低温液体的泵（锅炉给水泵、热油泵、低温泵等）在静态下找正、调平时，应按设计规定预留出其温度变化的补偿值；

4）泵的安装高度应低于规定的最大吸入高度，防止产生"汽蚀"现象。

（3）泵试运转前的检查应符合下列要求：

1）润滑、密封、冷却和液压等系统应清洗洁净并保持畅通，其受压部分需进行严密性试验；

2）润滑部位加注的润滑剂的规格和数量应符合随机技术文件的规定，有预润滑、预热和预冷要求的泵应按照随机技术文件的规定进行；

3）泵的各附属系统应单独试验调整合格，运行正常；

4）泵体、泵盖、连杆和其他连接螺栓与螺母应按规定的力矩拧紧，并且无松动；联轴器及其他外露的旋转部分应有保护罩，固定牢固；

5）泵的安全报警和停机连锁装置经模拟试验，动作灵敏、正确和可靠；

6）经控制系统联合试验各种仪表显示、声讯和光电信号等，灵敏、正确、可靠，并应符合机组运行的要求；

7）盘动转子，其转动灵活、无摩擦和阻滞；

8）泵试运转前，驱动机应单独进行试运转，试运转时间不低于 30min，运转正常。

（4）泵试运转时应符合下列要求：

1）试运转的介质宜采用清水；当泵输送介质不是清水时，按介质的密度、比重折算为清水进行试运转，流量不应小于额定值的 20%；电流不得超过电动机的额定电流；

2）润滑油不得有渗漏和雾状喷油；轴承、轴承箱和油池润滑油的温度不应超过环境温度 40℃，滑动轴承的温度不应大于

70℃；滚动轴承的温度不应大于 80℃；

3）泵试运转时，各固定连接部位不应有松动；各运动部件运转应正常，无异常响声和摩擦；附属系统的运转应正常；管道连接应牢固、无渗漏；

4）轴承的振动速度有效值应在额定转速、最高排出压力和无气蚀条件下检测，检测及其限值应符合随机技术文件的规定；

5）泵的静密封应无泄漏；填料函和轴密封的泄漏量不应超过随机技术文件的规定；

6）润滑、液压、加热和冷却系统的工作应无异常现象；

7）泵的安全保护和电控装置及各部分仪表应灵敏、正确、可靠；

8）泵在额定工况下连续运转时间不应少于表 6-1 的规定；高速泵及特殊要求的泵试运转时间应符合随机技术文件的规定。

泵在额定工况下连续试运转时间　　　　表 6-1

泵的轴功率（kW）	连续试运转时间（min）
＜50	30
50～100	60
100～400	90
＞400	120

3. 泵的安装注意事项

（1）泵的清洗

1）整体出厂的泵在防锈保证期内，只清洗外表；出厂时已装配、调整完善的部分不得拆卸；

2）解体出厂泵的主要零件、部件、附属设备、中分面、套装零件、部件，均不得有损伤或划痕；轴的表面不得有裂纹、损伤或其他缺陷；防锈包装应完好无损。清洗洁净后应去除水分，将零件、部件、设备表面涂上润滑油，顺序编号存放；

3）零部件防锈包装的清洗、清洁度的检测及其限值，应符合设备随机技术文件的要求。

（2）附属管道系统安装

附属管道系统的安装一般采用管道内部充氩气保护的氩电联焊或氩弧焊焊接，管道的安装应符合现行国标《工业金属管道工程施工规范》GB 50235 的有关规定，还应符合：

1）管子内部和管端应清洗洁净，清除杂物；密封面和螺纹不得损伤；

2）泵的进、出口管道应有各自的支架，泵不得承受管道等的重量；

3）相互连接的法兰端面应平行；螺纹管接头轴线应对中，不应借法兰螺栓或管接头强行连接；泵体不得受外力而变形；

4）密封的内部管路和外部管路，应按设计规定和标记进行组装；其进、出口和密封介质的流动方向，严禁发生错乱；

5）管道与泵连接后，应复检泵的找正精度；当发现因管道连接引起偏差时，应调整管道；

6）管道与泵连接后，不应在其上进行焊接和气割，防止焊渣进入泵内。

（3）附件安装

1）解体出厂的泵组装后，其承压件和管路应进行严密性试验；泵体及其排出管路等试验压力为最大工作压力，并保压10min，系统无渗漏和泄露；加热、冷却及其夹套等试验压力为最大工作压力，不应低于 0.6MPa，保压 10min，系统无渗漏和泄露。

2）安全阀、溢流阀或超压保护装置应调整至正常开启压力，其全流量压力和回座压力符合随机技术文件的规定。

3）泵的隔振器安装位置应正确，各隔振器的压缩量应均匀一致，其偏差符合随机技术文件的规定。

（二）电梯的安装

1. 电梯的概述

电梯是指利用动力驱动沿刚性导轨运行的箱体或者沿固定线

路运行的梯级（踏步），进行升降或者平行运送人、货物的机电设备。

（1）常用电梯的分类

1）按电梯的不同用途分类

① 乘客电梯：主要用于运送乘客上下楼宇，一般设置有较好的轿内装饰和完善的安全设施。

② 载货电梯：主要用于垂直方向运输货物、设备等，一般有专人控制。

③ 消防电梯：在楼宇发生火灾时，其他电梯均不能使用，只有该电梯可供消防员专用，平时用于运输设备、员工、载货等。它一般是从地下室到顶层的每一层均能停留的垂直升降梯。

此外，还有病床电梯、杂物电梯、观光电梯、自动人行道、自动扶梯、车辆电梯、船舶电梯和建筑施工电梯等。

2）按电梯运输速度来分类

① 低速电梯：运行速度不大于 1.0m/s 的电梯。

② 快速电梯：运行速度为 1.0～2.0m/s 的电梯。

③ 高速电梯：运行速度为 2.0～4.0m/s 的电梯。

④ 超高速电梯：运行速度大于 4.0m/s 的电梯。

3）按驱动方式和曳引电机分类

① 交流电梯：用交流感应电动机驱动的电梯。根据拖动方式可分为交流单速、交流双速、交流调速电梯。

② 直流电梯：用直流电动机驱动的电梯。多用于速度大于 2m/s 的高档电梯。

（2）电梯的基本结构

按照其功能的不同，电梯可分为曳引系统、导向系统、门系统、轿厢和对重、电气拖动和控制系统、安全装置等部分。

1）曳引系统　其作用是输出动力、曳引轿厢运行。主要由曳引机、曳引钢丝绳、导向轮、反绳轮等构成。曳引机由电动机、联轴器、制动器、减速箱、机座和曳引轮组成。曳引钢丝绳连接轿厢和对重，依靠曳引轮绳槽和钢丝绳之间的摩擦来驱动电梯上下运行。导向轮一般安装在曳引机座或承重梁上,用来承托曳引钢丝绳,调节轿厢和对重之间的距离。反绳轮是安装在轿顶或对重顶部的动滑轮,主要作用是降低电梯速度,提高电梯运载能力。

2)导向系统 其作用是限制轿厢和对重的自由度,使其只能沿着导轨上下运动。主要由导轨、导靴、导轨架组成。导轨是对轿厢和对重的运动起导向作用,主要由 T 型、L 型两种。导靴安装在轿厢和对重架上,强制轿厢沿着导轨上下垂直运动。导轨架安装在井道壁上,用来支撑和固定导轨。

3)门系统 其用以封闭轿厢和井道出口。由轿门、厅门、开门机构组成。轿门安装在轿厢上,有交栅式和封闭式等。厅门安装在每层电梯出口处。每个厅门设有机械和电气联锁装置,保证厅门打开时电梯不能运行。开门机构是开关电梯门的机构,有自动式、手动式两种。

4)轿厢和对重 轿厢用来运送乘客或货物,是电梯的承载部分。它主要由机械架、轿厢底、轿厢壁、轿顶组成。对重相对于轿厢悬挂于曳引绳底另一端,使曳引机只需克服轿厢和对重之间的重量差便能驱动电梯,进而起到减少动力消耗、改善曳引机能力的作用。对重由对重架、对重块和补偿装置组成。

5)电气拖动和控制部分 电梯的电力拖动系统有两大类,即交流拖动系统和直流拖动系统。常见的直流拖动系统可分为控硅励磁和控硅供电两类。电梯的控制系统取决于电梯的用途、额定载荷、速度、控制方式等设计要求和使用性能,主要是指对电梯的启动、加速、运行、减速、停止和运行方向、楼层显示、轿内指令、层站厅外召唤、安全保护等信号进行管理和控制。

6)安全装置 其作用是保证电梯的安全使用,防止危及人身、财物的事故发生。安全装置分为两类:机械安全装置和电气安全装置。

① 机械安全装置 主要有安全触板、厅门锁、限速器、安全钳和缓冲器等。

A. 安全触板设计在轿门上，在电梯关门过程中，当人或物品触及安全触板时，轿门自动反开，防止夹伤人或物。

B. 门锁装置位于厅门内侧，门关闭后将厅门关住，封闭井道，防止电梯不在本层站时人员进入井道；只有所有电梯厅门关闭后，电梯才能正常进行运行。

C. 限速器一般安装在机房的楼板上。当电梯运行速度超过速度限定时，限速器动作，先切断安全回路，如果电梯仍向下运行将直接牵引安全钳动作，将电梯制停。

D. 安全钳一般安装在轿厢底部（特殊情况下对重也安装有安全钳），当限速器开始动作时，电梯轿厢或者对重仍向下运行，在限速器的带动下安全钳动作，将轿厢（对重）夹持在导轨上而使轿厢（对重）停止运动。

E. 缓冲器分为弹簧式和液压式两种，是电梯的最后一道安全装置。当轿厢或者对重因某种原因超出极限位置冲顶或者蹲底时，可以减少设备对建筑物的冲击。

② 电气安全装置　主要有上下限位开关、极限开关、超载保护、门区光电装置等。

A. 限位开关的作用是当电梯超过行程范围时，通过安装在轿厢上的碰铁驱使限位开关动作，切断回路，强迫电梯停止。

B. 极限开关是当电梯冲越端站时，限位开关又未制停电梯时，能在电梯或对重未触及缓冲器前切断安全回路或者强行切断主电源回路的电气安全装置。

C. 超载保护是通过安装在轿厢悬挂结构或活动轿厢上的称量装置来实现的，当轿厢内装载的重量超过额定载荷时，发出警告信号，提醒电梯使用人员，并保持开门状态不关门，直至轿厢内的人或重物不超载。

2. 电梯安装工艺要点

（1）电梯基准线挂设

1）样板架的就位、挂基准线

样板架是按照放线图、轿厢、安全钳、导轨等实样制作的，是确定轿厢位置的依据；同时也是井道中各种设备（如选层器、限速器、平层器和厅门等）位置相互间距离的安装依据，因此，样板架的制作和安装是电梯安装的一项重要和细致的工作。

① 制作样板架用的木条选用干燥的松木，松木厚度和宽度满足放线的强度要求，且四面刨光、平直，按图纸要求组装，并用胶粘牢。基准垂线共计 10 根，其中，轿厢导轨基准线 4 根；对重导轨基准线 4 根；层门地坎基准线 2 根（贯通门时 4 根）。

为了便于施工，挂基准线也可以不采用整体样板，而采用在方木上直接钉木条法，或者楼板为非承重楼板时，直接在楼板上打孔测量井道，确定基准线及轿厢、对重横向中心线和井道中心线，样板加工制作如图 6-1 所示。

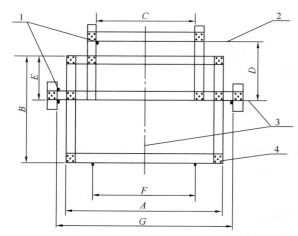

图 6-1　样板架制作示意

A—轿厢宽；*B*—轿厢深；*C*—对重导轨架距离；*D*—轿厢架中心线与对重架中心线的距离；*E*—轿厢架中心线至轿底后沿尺寸；*F*—开门净宽；
G—轿厢导轨距离；

1—铅垂线；2—对重中心线；3—轿厢架中心线；4—联接铁钉

注：图中的 *C*、*G* 尺寸为布置图上标注的导轨端面间距加两倍的导轨高加
5～6mm 间隙。

② 固定样板架，在井道顶板下面 1m 左右处用膨胀螺栓将

角钢水平牢固地固定于井道壁上；若井道壁为砖墙，应在井道顶板下 1m 左右处沿水平方向剔洞，稳放样板支架，并且端部固定；样板支架方木端部应垫实找平，样板支架平面水平度误差不得大于 1/1000。

③ 无论采用样板架法或直接钉木条法，首先应确定梯井中心线、轿厢中心线、对重中心线，进而确定各基准垂线的放线点，画线时使用细铅笔，核对无误后，再复核各对角线尺寸是否相等。为了便于安装时观测，在样板架上用文字注明轿厢中心线、层门和轿门中心线、层门和轿门口净宽、导轨中心线等名称。

④ 在样板处，将钢丝一端悬一较轻线坠，顺序缓缓放下至底坑。垂线中间不能与脚手架或其他物体接触，并不能使钢丝有死结现象。

⑤ 在放线点处，用锯条或电工刀，垂直锯或划一个 V 形小槽，使 V 形槽顶点为放线点，将线放入，以防基准线移位造成误差，并在放线处注明此线名称，把尾线在固定铁钉上绑牢。

⑥ 线放到底坑后，用重线坠替换放线时悬挂的物体，任其自然垂直静止。

⑦ 在底坑安装稳线架，待基准线静止后将线固定于稳线架上，然后再检查各放线点的固定点的各部尺寸、对角线等尺寸有无偏差，稳固后，并用激光放线仪再次校验。确定无误后，方可进行下道工序。

2）机房放线

① 井道样板完成后，还要进行机房放线工作，校核确定机房各预留孔洞的准确位置，为曳引机、限速器等设备定位安装做好准备。

② 用线坠通过机房预留孔洞，将样板上的轿厢导轨中心线、对重导轨中心线、地坎安装基准线等引到机房地面上来。

③ 根据图纸尺寸要求的导轨中心线、轨距中线、两垂直交叉十字线为基础，弹划出各绳孔的准确位置。

④ 根据弹划线的准确位置，开凿孔洞或修正各预留孔洞，并确定承重钢梁及曳引机的位置，为机房的全面安装提供必要的条件。

（2）机房设备安装

1）承重梁安装

① 曳引机承重梁安装前要除锈并涂防锈漆，交工前再涂成与机器颜色一致的面漆。

② 根据样板架和曳引机安装图在机房画出承重钢梁位置。

③ 安装曳引机承重钢梁，其两端必须放于井道承重墙或承重梁上，如需埋入承重墙内，其埋入长度应超过墙中心 20mm，且不应小于 75mm。在曳引机承重钢梁与承重墙（或梁）之间，垫一块面积大于钢梁接触面、厚度不小于 16mm 的钢板，并找平垫实。

④ 设备与钢梁连接使用螺栓时，必须按钢梁规格在钢梁翼下配以合适斜垫圈。钢梁上开孔必须圆整，稍大于螺栓外径，为保证孔规矩，不允许使用气焊割圆孔或长孔，应用磁力电钻钻孔。

⑤ 承重梁的安装：钢梁安装在混凝土墩上时，混凝土墩内必须按设计要求加钢筋，钢筋通过地脚螺栓和楼板相连。混凝土墩上设有厚度不小于 16mm 的钢板；采用型钢架起钢梁的方法，如型钢垫起高度不合适，或不宜采用型钢时，可采用现场制作金属钢架架设钢梁的方法。

⑥ 承重梁直接安装在机房楼板上的方法：首先根据反馈到机房地平上的基准线，确定轿厢与对重的中心连线，然后按照安装图确定钢梁安装位置，导向轮伸到井道时，应复核顶层高度是否符合验收规范的要求。

⑦ 曳引机承重钢梁安装找平找正后，用电焊将承重梁和垫铁焊牢。承重梁在墙内的一端及在地面上袒露的一端用混凝土灌实抹平。

⑧ 凡是用混凝土浇灌属于隐蔽工程的部件，在浇灌混凝土

之前要经监理与业主签字确认后，才能进行下一道工序。

⑨ 在安装过程中，应始终使承重钢梁上下翼缘和腹板同时受垂直方向的弯曲载荷，而不允许其侧向受水平方向的弯曲载荷，以免产生变形。

2）减振胶垫安装布置

① 按厂家要求布置安装减振胶垫，减振胶垫需严格按规定找平垫实。

② 曳引机底座与承重梁用螺栓直接固定，在承重梁两端下面加减振垫。

3）曳引机安装

① 单绕式曳引机和导向轮的安装位置确定方法：把放样板上的基准线通过预留孔洞反馈到机房地平上，根据对重导轨、轿厢导轨及井道中心线，参照产品安装图册，在地平上画出曳引轮、导向轮的垂直投影，分别在曳引轮、导向轮两个侧面吊两根垂线，以确定曳引轮、导向轮位置。

② 复绕式曳引机和导向轮安装位置的确定：首先要确定曳引轮和导向轮的拉力作用中心点，需根据引向轿厢或对重的绳槽而定；导向轮及曳引机已由制造厂家组装在同一底座上时，确定安装位置极为方便，在电梯出厂时，轿厢与对重中心距已完全确定，只要移动底座使曳引作用中心点吊下的垂线对准轿厢（或轿轮）中心点，使导向轮作用中心点吊下的垂线对准对重（或对重轮）中心点，然后将底座固定。

③ 在工地安装时，曳引机与导向轮的安装定位需要同时进行，其方法是：在曳引机及导向轮以上位置，使曳引轮作用中心点吊下的线对准轿厢（或轿轮）中心点，使导向轮作用中心点吊下的垂线对准对重（或对重轮）中心点，并且始终保持不变，然后水平转动曳引机及导向轮，使两个轮平行，且相距1/2曳引绳槽的间距，并进行固定，如图6-2所示。曳引轮与导向轮的宽度及外形尺寸完全一样时，此项工作也可以通过找两轮的侧面延长线进行。

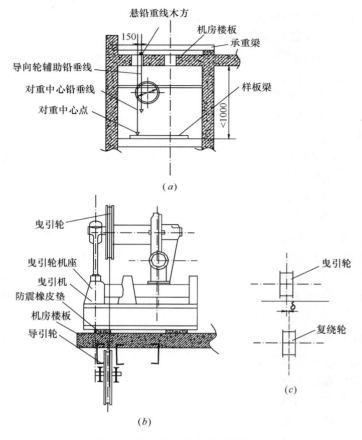

图 6-2　导向轮、复绕轮安装示意

注：1. 导向轮（复绕轮）端面对曳引轮端面的水平度不应超过
　　　±1mm。

　　2. 复绕轮与曳引轮必须沿水平方向偏移 1/2 曳引绳槽的间距 δ。

　　3. 复绕轮安装后调整挡绳装置距曳引绳间的间隙不应小于 3mm。

④ 曳引机吊装。在吊装曳引机时，吊装钢丝绳应固定在曳引机底座吊装孔上，或产品说明书中规定的位置，不要绕在电动机轴上或吊环上。可利用机房预留吊钩吊装曳引机。

⑤ 曳引机安装调整后，在机座轴向安装防止位移的挡板和

压板，中间用橡胶垫挤实或安装其他防位移措施。

⑥ 曳引机制动器的调整：销轴螺栓挡圈齐全，闸瓦、制动轮工作面清洁；闸瓦动作灵活可靠，闸瓦能紧密贴合在制动轮工作面上。制动器松闸时，闸瓦需同步离开，其两侧闸瓦四周间隙平均值不小于 0.7mm。线圈铁芯在吸合时不撞击，其间隙调整符合产品说明书要求。

4）限速器安装

① 限速器应装在机房地面或井道顶部的楼板上，如预留孔不合适，在剔楼板时应注意防止破坏楼板强度，剔孔不可过大，并应在楼板上用厚度不小于 12mm 的钢板制作一个底座，将限速器和底座用螺栓固定。如楼板厚度小于 120mm，应在楼板下再加一块钢板，采用对穿螺栓固定。限速器也可通过在其底座设一块钢板为基础板。固定在承重钢梁上，基础钢板与限速器底座用螺栓固定；该钢板与承重钢梁可用螺栓或焊接定位。

② 根据安装图所给坐标位置，由限速器轮槽中心向轿厢拉杆上绳头中心吊一垂线，同时由限速轮另一边绳槽中心直接向张紧轮相应的绳槽中心吊一垂线，调整限速器位置，使上述两对中心在相应的垂线上，位置即可确定。然后在机房楼板对应位置打上膨胀螺栓，将限速器就位，再一次进行调整，使限速器位置和底座的水平度都符合要求，然后将膨胀螺栓紧固。

③ 限速器轮的垂直误差不得大于 0.5mm，可在限速器底面与底座间加垫片进行调整。

④ 限速器就位后，绳孔要求穿导管（钢管）固定，并高出楼板 50mm，同时找正后，钢丝绳和导管的内壁均应有 5mm 以上间隙。

⑤ 限速器上应标明与安全钳动作相应的旋转方向。

⑥ 限速器在任何情况下，都应是可接近的。若限速器装于井道内，则应能从井道外面接近它。

⑦ 查验限速器铭牌上的动作速度是否与设备要求相符。

⑧ 限速器的整定值已由厂家调整好，现场施工不能调整。

若机件有损坏或运行不正常，需送到厂家检验调整，或者换新。

5）控制柜定位应符合下列规定：

① 根据机房布置图及现场情况确定控制柜位置。

② 控制柜的过线盒要按安装图的要求用膨胀螺栓固定在机房地面上。

③ 多台控制柜并列安装时，其间应无明显缝隙且柜面应在同一平面上。

（3）导轨安装

1）导轨支架安装

① 根据导轨基准线及辅助基准线确定导轨支架的位置。

② 最下一层导轨支架距底坑 1000mm 以内，最上一层导轨架距井道顶距离不大于 500mm，中间导轨架间距不大于 2500mm 且均匀布置，如与导轨连接板位置相遇，间距可以调整，错开的距离不小于 30mm，但相邻两层导轨支架间距不能大于 2500mm。

③ 井壁有预埋铁时，安装前要先清除其表面混凝土并符合下列规定：

A. 导轨支架安装前要复核基准线，其中一条为导轨中心线，另一条为导轨架安装辅助线，一般导轨中心线距导轨端面 10mm，与辅助线间距为 80～100mm。

B. 若现场不具备搭设脚手架的条件，可以采用自升法安装导轨支架，其基准线为两条，基准线距导轨中心线 300mm，距导轨端面 10mm，以不影响导靴的上下滑动为宜。

C. 测出每层导轨支架距墙的实际尺寸，按顺序编号加工好。

D. 导轨支架与预埋铁接触面要严实，四周满焊，焊缝高度不小于 5mm，焊缝饱满、均匀，不能有夹渣、气孔等。

E. 导轨支架的水平度不大于 1.5%。

④ 用膨胀螺栓固定导轨支架时，应使用产品自带的膨胀螺栓，或者使用厂家图纸要求的产品。膨胀螺栓直径不小于 16mm。

⑤ 按顺序安装导轨支架。

⑥ 安装导轨支架，并找平校正，对于可调式导轨架，调节定位后，紧固螺栓，并在可调部位焊接两处，焊缝长度不小于20mm，防止位移。

⑦ 垂直方向紧固导轨支架的螺栓应朝上，螺母在上，便于查看其松紧。

⑧ 用对穿螺栓紧固导轨支架：若井壁较薄，墙厚小于150mm，又没有预埋铁时，不宜使用膨胀螺栓固定，应采用对穿螺栓固定。

⑨ 固定导轨用的压道板、紧固螺栓一定要和导轨配套使用。不允许采用焊接的方法或直接用螺栓固定（不用压道板）的方法将导轨固定在导轨架上。

2）导轨安装

① 检查导轨的直线度不大于1/1000，单根导轨全长偏差不大于0.7mm，不符合要求的应要求厂家更换或自行调直。

② 导轨端部的榫头、连接部位的加工面应无毛刺、尘渣、油污等，以保证安装精度的要求。

③ 导轨接头不宜在同一水平面上，或按厂家图纸要求施工。

④ 采用油润滑的导轨，应在立基础导轨前，在其下端加一个距底坑地平高40～60mm的水泥墩或钢墩，或将导轨下面工作面的部分锯掉一截，留出接油盒的位置。

⑤ 导轨应用压导板固定在导轨支架上，不应焊接或与螺栓直接连接；每根导轨必须有两个导轨支架；导轨最高端与井道顶距离50～100mm。

⑥ 提升导轨用卷扬机安装在顶层层门口，井道顶上挂一滑轮。

⑦ 吊装导轨时应用U形卡固定住导轨连接板，吊钩应采用可旋转式，以消除导轨在提升过程中的转动。

⑧ 导轨的凸榫头应朝上，便于清除榫头上的灰渣，确保接头处的缝隙符合规范要求。

⑨ 调整导轨时，为了保证调整精度，要在导轨支架处及相邻的两导轨支架中间的导轨处设置测量点。电梯导轨严禁焊接，不允许用气焊切割。

3) 导轨调校

① 将靠尺固定于两导轨平行部位（导轨支架部位），拧紧固定螺栓。用钢板尺检查导轨端面与基准线的间距和中心距离，如不符合要求，应调整导轨前后距离和中心距离，以符合精度要求。

② 绷紧靠尺之间用于测量扭曲度的连线，并固定，校正导轨使该线与扭曲度刻线吻合。

③ 调整导轨用垫片不能超过三片，导轨架和导轨背面的衬垫不宜超过 3mm。垫片厚度大于 3mm 且小于 7mm 时，要在垫片间点焊，若超过 7mm，应先用与导轨宽度相当的钢板垫入，再用垫片调整。

④ 修正导轨接头处的工作面，导轨接头处台阶可用 300mm 钢板尺靠在导轨工作面上，用塞尺检查其间隙；两导轨的侧工作面和端面接头处的台阶应不大于 0.05mm；对台阶应沿斜面用专用刨刀刨平。修整长度应大于 150 mm。

（4）电梯层门安装

1) 地坎安装

① 按要求由样板放两根层门安装基准线，基准线与地坎中点对称。地坎安装前，先在各层门地坎上划出净口宽度线及层门中心线，在相应的位置打上三个窝点，以基准线及此标志确定地坎、牛腿及牛腿支架的安装位置。

② 在预埋铁件上焊支架，安装钢牛腿来稳固地坎。

对于高层电梯，为防止由于基准线被碰造成误差，可以先安装和调整好导轨。然后以轿厢导轨为基准来确定地坎的安装位置。

2) 门柱、层门导轨、门套安装

① 砖墙采用剔墙洞埋注地脚螺栓。

② 混凝土结构墙若没有预埋铁，可在相应的位置用 M12 膨胀螺栓、2 块 150mm×100mm×10mm 的钢板作为预埋铁使用。

③ 若门导轨、门立柱离墙超过 30mm 应加垫圈固定。若垫圈较高宜采用厚钢管两端加焊钢板的方法加工制成，以保证其牢固。

④ 用水平尺测量门滑道安装是否水平。如侧开门，两根滑道上端面应在同一水平面上，并用线坠检查上滑道与地坎槽两垂面水平距离和两者之间的平行度。

⑤ 将门头与两侧门套连接成整体后，用层门铅垂线校正门套立柱，全高度检查不少于 3 点，垂直度误差要一致，然后将门套固定在井道墙层门口处。

⑥ 固定钢门套时，不可在门套上随意焊接。

3）层门安装

① 将门滑块、门滑轮装在门扇上，把偏心轮调到最大值（和层门导轨距离最大），然后将门滑块放入地坎槽，门轮挂到层门导轨上。

② 在门扇和地坎间垫上 6mm 厚的支撑物。门滑轮架和门扇之间用专用垫片进行调整，使之达到要求，然后将滑轮架与门扇的连接螺栓紧固，将偏心轮调回到与滑道间隙不大于 0.5mm，撤掉门扇下垫的物件，进行门滑行试验，达到轻快自如为合格。

4）门锁安装

① 安装前应对锁钩、锁臂、滚轮、弹簧等按要求进行调整，使其灵活可靠。

② 门锁和门安全开关要按图纸规定的位置进行安装。若设备上安装螺孔不符合图纸要求要进行修改。

③ 调整层门门锁和门安全开关，锁钩必须动作灵活，在证实锁紧的电气安全装置动作之前，锁紧元件的最小啮合长度为 7mm。如门锁固定螺孔为可调者，门锁安装调整就位后，必须加定位螺栓，防止门锁移位。

④ 当轿门与层门联动时，钩子锁应无脱钩及夹刀现象，在

开关门时应运行平稳，无抖动和撞击声。

⑤ 在门扇装完后，应将强迫关门装置装上，使层门处于关闭状态。厅门应具有自闭能力，被打开的层门在无外力作用时，层门应能自动关闭，以确保层门口的安全。

⑥ 层门手动紧急开锁装置应灵活可靠，每个层门均应设置。

5) 地坎下防护板安装

① 层门地坎下为钢牛腿时，应装设 1.5mm 厚的钢护脚板，钢板的宽度应比层门口宽度两边各延伸 25mm，垂直面的高度不小于 350mm，下边应向下延伸一个斜面，使斜面与水平面的夹角不得小于 60°，其投影深度不小于 20mm。

② 如楼层较低时，护脚板可与下一个层门的门楣连接，并应平整光滑。

6) 门头部件安装

① 拆除作业平台时，要拿稳脚手板等物件，防止滑落井内。

② 层门钩子锁未装好前，不得拆除层门防护栏杆。

③ 层门安装过程，同一井道内不得交叉作业。

（5）轿厢安装

1) 支撑架安装

① 在顶层厅门口对面的混凝土井道壁相应位置上安装两个角钢托架（用∠100×100 角钢），每个托架用三个 M16 膨胀螺栓固定。在厅门口牛腿处横放一根方木，在角钢托架和横木上架设两根 20 号工字钢。两横梁的水平度偏差不大于 1/1000，然后把方木端部固定。大型客梯及货梯应根据梯井尺寸计算，来确定方木及型钢尺寸、型号。

② 若井壁为砖结构，则在厅门口对面的井壁相应的位置上剔两个与方木大小相适应、深度超过墙体中心 20mm 且不小于 75mm 的洞，用以支撑方木一端。

③ 在机房承重钢梁上相应位置（若承重钢梁在楼板下，则轿厢绳孔旁）横向固定一根不小于 $\phi76 \times 4$ 的钢管，由轿厢中心绳孔处放下钢丝绳扣（不小于 13mm）。并挂一个 3t 倒链，以备

安装轿厢使用。

2）底梁安装

① 将底梁放在架设好的方木或工字钢上。调整安全钳口（老虎嘴）与导轨面间隙，如电梯厂图纸有具体规定尺寸，要按图纸要求，同时调整底梁的水平度，使其横、纵向水平度均不大于 1/1000。

② 安装安全钳楔块，楔块距导轨侧工作面的距离调整到 3～4mm（安装说明书有规定者按规定执行），且四个楔块距导轨侧工作面间隙应一致，然后用厚垫片塞于导轨侧面与楔块之间，使其固定，同时把老虎嘴和导轨端面用木楔塞紧，如图 6-3 所示。

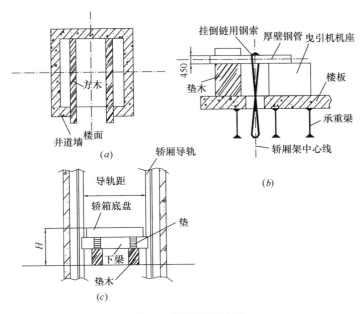

图 6-3 轿箱安装示意

3）立柱安装

将立柱与底梁连接，连接后应使立柱垂直，其铅垂度在整个高度不大于 1.5mm，且不得有扭曲，若达不到要求则用垫片进行调整。安装立柱时应使其自然垂直，达不到要求时，要在上、下梁和立柱间加垫片进行调整，不可强行安装。

4）上梁安装

① 用倒链将上梁吊起与立柱相连接，安装所有的连接螺栓。

② 调整上梁的横、纵向水平度，使水平度≤0.5‰，同时再次校正立柱，垂直度不大于 1.5mm。装配后的轿厢架不应有扭曲应力存在，然后分别紧固连接螺栓。

③ 上梁带有绳轮时，要调整绳轮与上梁间隙，其相互尺寸误差≤1mm，绳轮自身垂直度偏差不大于 0.5mm。

④ 轿箱顶轮的防跳挡绳装置，应设置防护罩，以避免伤害作业人员，又可预防钢丝绳松弛时脱离绳槽、绳与绳槽之间落入杂物。这些装置的结构应不妨碍对滑轮的检查维护。采用链条的情况下，也要有类似的装置。

5）轿底安装

① 用倒链将轿厢底盘吊起，然后放于相应位置。将轿厢底盘与立柱、底梁用螺栓连接但不要把螺栓拧紧。装上斜拉杆，并进行调整，使轿底盘水平度不大于 1/1000，然后将斜拉杆用双螺母拧紧，把各连接螺栓紧固。

② 若轿底为活动结构时，先按上述要求将轿厢底盘托架安装调好，并将减振器及称重装置安装在轿厢底盘托架上。

③ 用倒链将轿厢底盘吊起，缓慢就位。使减振器上的螺栓逐个插入轿底盘相应的螺栓孔中，然后调整轿厢底盘的水平度，使其水平度不大于 1/1000。若达不到要求则在减振器的部位加垫片进行调整。

调整轿底定位螺栓，使其在电梯满载时与轿底保持 1～2mm 的间隙。当电梯安装全部完成时，通过调整称重装置，使其能在规定范围内正常动作。调整完毕，将各连接螺栓拧紧。

④ 安装调整安全钳拉杆。拉起安全钳拉杆，使安全钳楔块轻轻接触导轨时，限位螺栓应略有间隙，以保证电梯正常运行

时，安全钳楔块与导轨不致相互摩擦或误动作。同时，应进行模拟动作试验，保证左右安全钳拉杆动作同步，其动作应灵活无阻。达到要求后，拉杆顶部用双螺母紧固。

⑤ 轿厢底盘调整水平后，轿厢底盘与底盘座之间，底盘座与下梁之间的各连接处都要接触严密，若有缝隙要用垫片垫实，不可使斜拉杆过分受力。

6）导靴安装

① 要求上、下导靴中心与安全钳中心三点在同一条垂线上，不能有歪斜、偏扭现象。

② 固定式导靴要调整其间隙一致，内衬与导轨两工作侧面间隙要按厂家说明书规定的尺寸调整，与导轨端面间隙偏差控制在 0.3mm 以内。

③ 弹簧式导靴应随电梯的额定载重量不同而调整其尺寸，使内部弹簧受力相同，保持轿厢平衡。

④ 滚轮导靴安装平正，两侧滚轮对导轨的初压力应相同，压缩尺寸按制造厂规定调整，若厂家无明确规定，则根据使用情况调整各滚轮的限位螺栓，使侧面方向两滚轮的水平移动量为 1mm，顶面滚轮水平移动量为 2mm。允许导轨顶面与滚轮外圆间保持间隙值不大于 1mm，并使各滚轮轮缘与导轨工作面保持相互平行。

⑤ 轿厢组装完成后，松开导靴（尤其是滚轮导靴），此时轿厢不能在自由悬垂情况下偏移过多，否则造成导靴受力不均匀。偏移过大时，应调整轿厢底的补偿块，使轿厢静平衡符合设计要求，然后再装回导靴，轿厢安装完毕。

7）轿壁拼装

① 轿厢壁板表面在出厂时贴有保护膜，在装配前应用裁纸刀清除其折弯部分的保护膜。

② 拼装轿壁可根据井道内轿厢四周的净空尺寸情况，预先在层门口将单块轿壁组装成几大块，首先安放轿壁与井道间隙最小的一侧，并用螺栓与轿厢底盘初步固定，再依次安装其他各侧

轿壁。待轿壁全部装完后，紧固轿壁板间及轿底间的固定螺栓，同时将各轿壁板间的嵌条和与轿顶接触的上平面整平。

③ 轿壁底座和轿厢底盘的连接及轿壁与轿壁底座之间的连接要紧密。各连接螺栓要加弹簧垫圈（以防因电梯的振动而使连接螺栓松动）。若因轿厢底盘局部不平而使轿壁底座下有缝隙时，要在缝隙处加调整垫片垫实。

④ 拼装轿壁，可逐扇安装，亦可根据情况将几扇先拼在一起再安装。轿壁安装后再安装轿顶。但要注意轿顶和轿壁穿好连接螺栓后不要紧固。要在调整轿壁垂直度偏差不大于 1/1000 的情况下逐个将螺栓紧固。拼装完后要求接缝紧密，间隙一致，嵌条整齐，轿厢内壁应平整一致，各部位螺栓垫圈必须齐全，紧固牢靠。

8）轿顶装置安装

① 轿顶接线盒、线槽、电线管、安全保护开关等要按厂家安装图安装。若无安装图则根据便于安装和维修的原则进行布置。

② 安装、调整开门机构和传动机构使门在启闭过程中有合理的速度变化，而又能在起止端不发生冲击，并符合厂家的有关要求。若厂家无明确规定则按其传动灵活、功能可靠、开关门效率高的原则进行调整。乘客电梯的开关门时间见表 6-2 所列。

乘客电梯的开关门时间（s）　　　　　　表 6-2

开门方式	开门宽度 B（mm）			
	$B \leqslant 800$	$800 < B \leqslant 1000$	$1000 < B \leqslant 1100$	$1100 < B \leqslant 1300$
中分自动门	3.2	4.0	4.3	4.9
旁开自动门	3.7	4.3	4.9	5.9

③ 先将轿顶组装好，用吊索悬挂在轿厢架下梁下方，作临时固定。待轿壁全部装好后再将轿顶放下，并按设计要求与轿厢壁定位固定。

④ 轿顶护身栏固定在轿厢架的上梁上，各连接螺栓要加弹

簧垫圈紧固，以防松动。

⑤ 平层感应器和开门感应器要根据感应铁的位置调整，要求横平竖直，各侧面应在同一垂直平面上，其垂直度偏差不大于 1mm。

9）轿门安装

① 轿门门机安装于轿顶，轿门导轨应保持水平，轿门门板通过 M10 螺栓固定于门挂板上。门板不垂直度小于 1mm。轿门门板用连接螺栓与门导轨上的挂板连接，调整门板的垂直度使门板下端与地坎的门导靴相配合。

② 安全触板安装后要进行调整，使之垂直。轿门全部打开后安全触板端面和轿门端面应在同一垂直平面上。安全触板的动作应灵活，功能可靠。其碰撞力不大于 5N。在关门行程 1/3 之后，阻止关门的力不应超过 150N。

③ 在轿箱门扇和开关门机构安装调整完毕，安装开门刀。开门刀端面和侧面的垂直度偏差全长均不大于 0.5mm，并且达到厂家规定的其他要求。

10）限位开关碰铁安装

① 安装前对碰铁进行检查，若有扭曲、弯曲现象要调整。

② 碰铁安装要牢固，要采用加弹簧垫圈的螺栓固定。要求碰铁垂直，偏差不应大于 1/1000，最大偏差不大于 3mm（碰铁的斜面除外）。

11）超载、满载装置安装

① 对超载、满载装置进行检查，其动作应灵活，功能可靠，安装要牢固。

② 调整满载装置，应保证开关能在轿厢达到额定载重量时可靠动作。超载装置应能在轿厢达到额定载重量 110％时可靠动作。

（6）对重块安装

1）吊装准备工作

① 在脚手架上相应位置搭设操作平台，以方便吊装对重框

架和装入对重块。

② 在机房预留孔洞上方放置一工字钢，挂上钢丝绳扣，在钢丝绳扣中央悬挂一倒链葫芦。在首层安装时，钢丝绳扣要固定在相对的两个导轨架上，不可直接挂在导轨上，以免导轨受力后移位或变形。

③ 在首层安装时，对重缓冲器两侧各支一根 100mm × 100mm 方木。

弹簧缓冲器弹簧上端面距对重架下碰板距离 200～350mm。

液压缓冲器柱塞上端面距对重架下碰板距离 150～400mm。

④ 若导靴为弹簧式或固定式的，要将同一侧的两导靴拆下，若导靴为滚轮式的，要将四个导靴都拆下。

2）对重框架吊装就位

① 将对重框架运到操作平台上，用钢丝绳扣将对重绳头板和倒链吊钩连在一起。

② 操作倒链将对重框架吊起到预定高度，对于一侧装有弹簧式或固定式导靴的对重框架，移动对重框架使其导靴与该侧导轨吻合并保持接触，然后轻轻放松倒链，使对重架平稳牢固地安放在事先支好的方木上，应使未装导靴的框架两侧面与导轨端面距离相等。

3）对重导靴的安装

① 固定式导靴安装时要保证内衬与导轨端面间隙上、下一致，若达不到要求要用垫片进行调整。

② 在安装弹簧式导靴前应将导靴调整螺母拧紧到最大限度，使导靴和导靴架之间没有间隙。

③ 若导靴滑块内衬上、下与轨道端面间隙不一致，则在导靴座和对重框架间用垫片进行调整，调整方法同固定式导靴。

④ 滚动式导靴安装要平整，两侧滚轮对导轨的初压力应相等，压缩尺寸应按厂家图纸规定。如无规定则根据使用情况调整至压力适中，正面滚轮应与轨道面压紧，轮中心对准导轨中心。

⑤ 导靴安装调整后，所有螺栓一定要紧牢防松。若发现个

别的螺孔位置不符合安装要求，要及时解决，严禁漏装。

4）对重块的固定应符合下列规定：

① 对重块数量应根据下列公式求出：

装入的对重块数＝［轿厢自重＋额定荷重×（0.4～0.5）－对重架重］/单块重量

② 按厂家设计要求装上对重块压紧装置。防止对重块在电梯运行时发出撞击声。

5）如果有滑轮固定在对重装置上时，应设置防护罩和挡绳装置，既避免伤害作业人员，又可预防钢丝绳松弛时脱离绳槽、绳与绳槽之间落入杂物。这些装置的结构应不妨碍对滑轮的检查维护。采用链条的情况下，也要有类似的装置。

6）对重如设有安全钳，应在对重装置未进入井道前，将有关安全钳的部件安装好。

7）底坑安全栅栏的底部距底坑地面应不大于300mm，安全栅栏的顶部距底坑地面应为1700mm，一般用扁钢制作。

8）对重下撞板处应加装补偿墩2～3个，当电梯的曳引绳伸长时，以使调整其缓冲距离符合规范要求。

（7）井道设备安装

1）缓冲器底座安装

① 首先测量底坑深度，按缓冲器数量全面考虑布置，检查缓冲器底座与缓冲器是否配套，并进行试组装，确立其高度，无问题时方可将缓冲器安装在缓冲器底座上。

② 对于没有缓冲器底座的，可采用混凝土基座或加工型钢基座。如采用混凝土底座，则必须保证不破坏井道底的防水层，且需采取措施，使混凝土底座与井道底连成一体。

2）缓冲器安装

① 安装时，缓冲器的中心位置、垂直偏差、水平度偏差等指标要同时考虑。确定缓冲器中心位置：在轿厢（或对重）撞板中心放一线坠，移动缓冲器，使其中心对准线坠来确定缓冲器的位置，两者在任何方向的偏移不得超过20mm。

② 用水平尺测量缓冲器顶面，要求其水平误差小于 1/1000。

③ 如作用于轿厢（或对重）的缓冲器由两个组成一套时，两个缓冲器顶面应在一个水平面上，相差不应大于 2mm。

④ 液压缓冲器的活塞杆垂直度不应大于 0.5%，测量时应在水平面夹角 90°的两个方向分别进行。

⑤ 缓冲器底座必须按要求安装在混凝土或型钢基础上，接触面必须平整严实，如采用金属垫片找平，其面积不小于底座的 1/2。地脚螺栓应紧固，丝扣要露出 3～5 扣，螺母加弹簧垫或用双螺母紧固。

⑥ 轿厢在端站平层位置时，轿厢或对重撞板至缓冲器上平面的距离如图 6-4 所示。

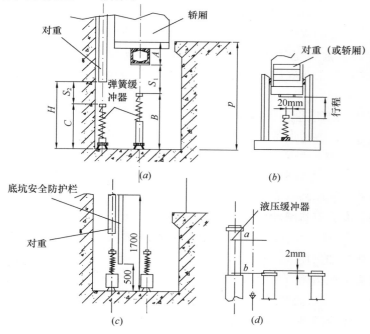

图 6-4　缓冲器安装示意

S_1、S_2—轿厢、对重距缓冲器距离；A—轿厢门槛平面至下梁碰板距离；

P—坑底深度；B、C—缓冲器顶面至底坑平面距离；H—对重距底坑高度

⑦ 液压缓冲器在使用前一定要按要求加油，油路应畅通，并检查有无渗油情况，油号应符合产品要求。还应设置在缓冲器被压缩而未复位时使电梯不能运行的电气安全开关。

3）限速绳及张紧装置安装

① 直接把限速绳挂在限速轮和张紧轮上进行测量，根据所需长度断绳，做绳头的方法与主钢绳绳头相同，然后将绳头与轿厢安全钳拉杆板固定。

② 限速器钢绳至导轨导向面（工作面侧面）与顶面两个方向的偏差均不得超过 10mm。

③ 限速器钢绳张紧轮（或其配重）应有导向装置。

④ 轿厢各种安全钳的止动尺寸，应根据产品要求进行调节。

⑤ 限速器钢丝绳与安全钳连杆连接时，应用三只钢丝绳卡夹紧，卡的压板应置于钢丝绳受力的一边。每个绳卡间距应大于 $6d$（d 为限速器绳直径），限速器绳短头端应用镀锌铁丝扎结。

⑥ 限速器绳应无断丝、锈蚀、油污或死弯现象，限速器绳径要与夹绳制动块间距相对应。

4）补偿装置安装

① 先将补偿链靠近井道里侧拐角部位由上而下悬挂 48h，以消除补偿链自身的扭曲应力，将轿厢慢车运行到底坑上方适当位置，仔细安装组件。

② 补偿链在对重上的安装及固定。补偿链在轿厢上安装固定完毕，校核无误以后，将轿厢慢车运行到最高层楼，使补偿链低端离开底坑地面，自然悬挂松劲后，在对重上进行安装固定，如果试运行时发现补偿链扭曲应力未完全消除，在轿底可悬挂可转轴心装置，消除扭曲应力。当电梯轿厢在最高位置时补偿链距离底坑地面距离要求在 100mm 以上。补偿链不允许与其他部件相碰撞，以免发生响声。

③ 补偿链的各链环开口必须焊牢。安装后应涂消音油，也可用有塑料套的防音链，以减少运行时发出的噪声。

④ 补偿链与随行电缆在轿底的固定位置要考虑到它们的重量平衡，以减轻靴衬与导轨的磨损。

⑤ 若电梯用补偿绳来补偿时，除按施工图施工外，还应注意补偿轮的导靴与补偿轮导轨之间间隙为 1～2mm。轨道顶部应有挡铁，以防电梯突然停止时补偿轮脱出导轨。导轨上下端的限位开关安装应牢固，位置应正确，以保证补偿轮在非正常位置时，电梯停止运行。

⑥ 补偿绳轮应设置防护装置以避免人身伤害、异物进入绳与绳槽之间、钢丝绳松弛时而脱离绳槽，该防护装置不得妨碍对补偿绳轮的检查和维修。

⑦ 补偿绳应选用不易松散和扭转的交互捻钢丝绳。

（8）电梯钢丝绳安装

1）确定钢丝绳长度

轿厢组装完毕停在最高层平层位置，同时必须对轿厢和对重的上缓冲量及空程量进行核对，而且在上缓冲量及空程符合要求的前提下，应取最大值。为减少测量误差，测量绳长时宜用截面为 $2.5mm^2$ 以上的铜线，在轿厢及对重上各装好一个绳头装置，其双螺母位置以刚好能装入开口销为准。长度计算如下：

单绕式电梯：$L = X + 2Z + Q$

复绕式电梯：$L = X + 2Z + 2Q$

式中 X——由轿厢绳头锥体出口处至对重绳头出口处的长度；

       Z——钢丝绳在锥体内的长度（包括钢丝绳在绳头锥套内回弯部分）；

       Q——轿厢在顶层安装时垫起的高度；

       L——总长度。

2）截钢丝绳

在清洁宽敞的地方放开钢丝绳，检查钢丝绳应无死弯、锈蚀、断丝情况。按上述方法确定钢丝绳长度后，从距剁口两端 5mm 处将钢丝绳用 $\phi0.7～\phi1$ 的铅丝绑扎成 15mm 的宽度，然后留出钢丝绳在锥体内长度，再按要求进行绑扎，然后用钢凿、砂轮切割机或钢绳剪刀等切断钢丝绳。

3）做绳头、挂钢丝绳

绳头做法可采用金属或树脂充填的绳套、自锁紧楔形绳套，至少带有三个合适绳夹的鸡心环套、带绳孔的金属吊杆等。

① 在做绳头、挂绳之前，应先将钢丝绳放开，使之自由悬垂于井道内，消除内应力。挂绳之前若发现钢丝绳上油污、渣土较多，可用棉丝浸上煤油，拧干后对钢丝绳进行擦拭，禁止对钢丝绳直接进行清洗，防止润滑脂被洗掉。

② 单绕式电梯先做绳头后挂钢丝绳。复绕式电梯由于绳头穿过复绕轮比较困难，所以要先挂绳后做绳头。或先做好一侧的绳头，待挂好钢丝绳后再做另一侧绳头。

③ 将钢丝绳断开后，穿入锥体，将剁口处绑扎铅丝拆去，松开绳股、除去麻芯，用汽油将绳股清洗干净，按要求尺寸弯回头，将弯好的绳股用力拉入锥套内，将浇口处用水泥袋包扎好，下口用棉丝扎严。

④ 绳头浇灌前应将绳头锥套内部油质杂物清洗干净，应采取缓慢加热的办法使锥套温度达到 100℃ 左右，再行浇灌。

⑤ 钨金（巴氏合金）浇灌温度 270～350℃ 为宜，钨金采取间接加热熔化，温度可用热电偶测量或当放入水泥袋纸立即焦黑但不燃烧为宜。浇灌时清除钨金表面杂质，浇灌必须一次完成，浇灌时轻击绳头，使钨金灌实，灌后冷却前不可移动。

⑥ 自锁紧楔形绳套

A. 将钢绳比充填绳套法多 300mm 长度断绳，把钢绳向下穿出绳头直、回弯，留出足以装入楔块的弧度后再从绳头套前端穿出。

B. 把楔块放入绳弧处，一只手向下拉紧钢绳，同时另一只手拉住绳端用力上提使钢绳和楔块卡在绳套内。

C. 全部绳头装好后，将轿厢和对重的重量全加上。此时钢绳和楔块将升高 25mm 左右，这时再装上钢绳卡，以防止在轿厢或对重撞击缓冲器时楔块从绳套中脱出。

D. 调整钢绳拉力时应在绳套内两钢绳之间插入一个销轴，用榔头轻敲销轴顶部，使楔块下滑，直至钢绳滑出。每个绳头重复上述做法，直至各钢绳张力相等。

⑦ 当采用 3 个合适绳夹的绳头夹板时，应使绳夹间隔不小于钢绳直径的 5 倍。

4）钢丝绳张力调整

① 测量调整绳头弹簧高度，使其一致。其高度误差不可大于 2mm。采用此法应事先对所有弹簧进行挑选，使同一个绳头板装置上的弹簧高度一致。

② 用 100～150N 的弹簧秤在梯井 3/4 高度处（人站在轿厢顶上）将各钢丝绳横向拉出同等距离，其相互的张力差不得超过 5%。钢丝绳张力调整后，绳头上双螺母必须拧紧，开口销钉穿好劈好尾，绳头紧固后，绳头杆上需留有 1/2 的调整量。

5）防止钢丝绳旋转措施：为了防止钢丝绳的侧捻（扭松），必须用 $\phi6$ 或 $\phi8$ 的钢丝绳将各钢丝绳锥套相互之间扎结起来，钢丝绳头用钢丝绳卡子连接固定，同时也起一定的安全保护作用。

6）绳孔保护台制作安装：为防止从绳孔中坠落物件，需用水泥或 1.5mm 厚的钢板做一保护台，保护台应该高出机房楼板表面 50mm，而且轿厢和对重无论在哪个位置，钢丝绳和保护台内壁之间的间隙均为 20～40mm。

（9）电气装置安装

电气装置包括控制柜、电源配电箱、随行电缆、减速和限位开关、感应开关和感应板、指示灯盒、呼梯盒、操纵盘、底坑检修盒等，安装应符合设备随机说明书和规范规定。

3. 电梯调试及试运转

（1）调试准备

1）随机文件中有关图纸、说明书应齐全。调试人员必须掌握电梯调试大纲的内容、熟悉该电梯的性能特点和测试仪器仪表的使用方法。

2）对导轨、层门导轨等机械电气设备进行清洁除尘。

3）对全部机械设备的润滑系统，均应按规定加好润滑油，齿轮箱应冲洗干净，加好符合产品设计要求的齿轮油，加至规定的油位。

4）电气线路检查应符合相关规定。

（2）运行试验

1）在检修状态试运行正常后，各层层门关好，门锁可靠，方可进行快车状态运行。

2）平层感应器的调整：初调时，轿顶装的上、下平层感应器的间距可取井道内装的隔磁板长度再减 10～15mm。精调时以基站为标准，调准感应器的位置，其他站则调整井道内各感应板的位置。

3）自动门调整：调整门杠杆，应使门关好后，其两臂所成角度小于 180°，以便必要时人能在轿厢内将门扒开。在轿顶用手盘门，调整控制门速行程开关的位置。通电进行开门、关门，按产品说明书调整门机控制系统使开关门的速度符合要求。安全触板应功能可靠。

4）轿厢平层准确度测试：电梯平层准确度应在 15mm 以内。

5）噪声试验：电梯的各结构和电气设备在工作时不得有异常振动或撞击噪声，噪声值见表 6-3 所列。

乘客电梯噪声允许值　　　　　　　表 6-3

项	机房		运行中轿内		开关门过程
速度	≤4m/s	≥4m/s	≤4m/s	≥4m/s	—
噪声值	80dB(A)	≤85dB(A)	≤55dB(A)	≤60dB(A)	≤65dB(A)

注：载货电梯仅考核机房噪声值不大于 80dB（A）。

（3）安全装置试验

1）过负荷及短路保护应符合下列规定：

① 电源主开关应具有切断电梯正常使用情况下最大电流的能力，其电流整定值、熔体规格应符合负荷要求，开关的零部件

应完整无损伤。

② 该开关不应切断轿厢照明、通风、机房照明、电源插座、井道照明、报警装置等供电电路。

③ 开关的接线应正确可靠，位置标高及编号标志应符合要求。

2）相序与断相保护。由于三相电源的错相可能引起电梯冲顶、撞底或超速运行，电源断相会使电动机缺相运行而烧毁，所以要求断相和错相保护必须可靠。

3）方向接触器及开关门继电器机械联锁保护应灵活可靠。

4）极限保护开关应在轿厢或对重接触缓冲器之前起作用，在缓冲器被压缩期间保持其接点断开状态。极限开关不应与限位开关同时动作。

5）限位保护开关应符合下列规定：当轿厢地坎超越上、下端站地坎平面 50mm 至极限开关动作之前，电梯应停止运行。

6）强迫缓速装置应符合下列规定：

① 开关的安装位置应按电梯的额定速度、减速时间及制停距离而定，具体安装位置应按制造厂方的安装说明及规范要求而确定。

② 试验时置电梯于端站的前一层站，使端站的正常平层减速失去作用，当电梯快车运行，撞铁接触开关碰轮时，电梯应减速运行到端站平层停靠。

7）安全（急停）开关应符合下列规定：

① 电梯应在机房、轿顶及底坑设置使电梯立即停止的安全开关。

② 安全开关应是双稳态的，需手动复位，无意的动作不应使电梯恢复服务。

③ 该开关在轿顶或底坑中，距检修人员进入位置不应超过 1m，开关上或近旁应标出"停止"字样。

④ 如电梯为无司机运行时，轿内的安全开关应能防止乘客操纵。

8）检修开关及操作按钮应符合下列规定：

① 轿顶的检修控制装置应易于接近，检修开关应是双稳态的，并设有无意操作的防护。

② 检修运行时应取消正常运行和自动门的操作。

③ 轿厢运行应依靠持续按压按钮，防止意外操作，并标明运行方向，轿厢内检修开关必须有防止他人操作的装置。

④ 检修速度不应超过 0.63m/s，不应超过轿厢正常的行程范围。

⑤ 当轿顶和轿内及机房均设这一装置时，应保证轿顶控制优先的形式，在轿顶检修接通后，轿内和机房的检修开关应失效。检查时注意不允许有开层门走车的现象。

9）紧急运行装置应符合下列规定：

① 紧急电动运行开关及操作按钮应设置在易于直接观察到曳引机的地点。

② 该开关本身或通过另一个电气安全装置可以使限速器、安全钳、缓冲器、终端限位开关的电气安全装置失效，轿厢速度不应超过 0.3m/s。

10）限速器动作保护开关应符合下列规定：

① 当轿厢运行达到 115％额定速度时，限速器动作，停止轿厢运行。

② 该开关应是非自动复位的，在限速器未复位前，电梯不能起动。

11）安全钳动作保护开关应符合下列规定：

① 该开关一般装在轿厢架上梁处，由安全钳联动装置带动其动作，迫使曳引机停止运转。

② 该开关必须采用人工复位的形式。

12）安全窗保护开关应符合下列规定：

① 如果电梯设有安全窗，开启方向只能向上，开启位置不得超过轿厢的边缘。

② 当开启距离大于 50mm 时，该开关应使检修或快车运行

的电梯立即停止。

13）限速器钢绳张紧保护开关，当其配重轮下落大于50mm或钢绳断开时，保护开关应立即断开，使电梯停止运行。

14）液压缓冲器压缩保护开关应符合下列规定：

① 耗能型缓冲器在压缩动作后，须手动回复正常位置。

② 当复位弹簧断裂或柱塞卡住时，在轿厢或对重再次冲顶或撞底时，缓冲器将失去作用。因此必须等验证这一正常伸长位置的电气安全开关接通后，电梯才能运行。

15）安全触板、光电保护、光幕保护、关门力限制保护应符合下列规定：

① 在轿门关闭期间，如有人被门撞击时，应有一个灵敏的保护装置自动地使门重新开启。

② 阻止关门所需的力不得超过150N。

16）层门锁闭装置，切断电路的接点与机械锁紧之间必须直接连接，应易于检查，宜采用透明盖板，检查锁紧啮合长度至少7mm时，电梯才能起动。

17）满载超载保护应符合下列规定：

① 当轿厢内载有90%以上的额定载荷时，满载开关应动作，此时电梯顺向截梯功能取消。

② 当轿内载荷大于额定载荷时，超载开关动作，操纵盘上超载灯亮铃响，且不能关门，电梯不能启动运行。

18）轿内报警装置应符合下列规定：

① 为使乘客在需要时能有效向外求援，轿内应装设易于识别和触及的报警装置。

② 该装置应采用警铃、对讲系统、外部电话或类似装置。建筑物内的管理机构应能及时有效地应答紧急呼救。

③ 该装置在正常电源一旦发生故障时，应自动接通能够自动充电的应急电源。

19）为了准确统计客流量和及时地解救乘客突发急病的意外情况，可在轿厢顶部装设闭路电视摄像机，摄像机镜头的聚焦应包括整个轿厢面积，摄像机经屏蔽电缆与保安部门或管理值班室的监视荧光屏连接。

20）安全钳的检查试验应符合下列规定：

① 瞬时式安全钳试验。轿厢有均匀分布的额定载荷，以检修速度下行时，可人为地使限速器动作，此时安全钳应将轿厢停于导轨上，曳引绳应在绳槽内打滑。

② 渐近式安全钳试验。在轿厢有均匀分布的125％额定载荷，以平层速度或检修速度下行的条件进行，试验的目的是检查安装调整是否正确，以及轿厢组装、导轨与建筑物连接的牢固程度。

③ 在电梯底坑下方具有人通过的过道或空间时，平衡重侧也应设置安全钳，其限速器动作速度应高于轿厢安全钳的限速器动作速度，但不得超过10％。

21）缓冲器的检查试验应符合下列规定：

① 蓄能型（弹簧）缓冲器试验。在轿厢以额定载荷和检修速度、对重以轿厢空载和检修速度下分别碰撞缓冲器，致使曳引绳松弛。

② 耗能型（液压）缓冲器试验。额定载荷的轿厢或对重应以检修速度与缓冲器接触并压缩5min后，以轿厢或对重开始离开缓冲器直到缓冲器回复到原状止，所需时间应少于120s。

（4）载荷试验

1）运行试验：

① 轿厢分别以空载、50％额定载荷和额定载荷三个工况，并在通电持续率40％情况下，到达全行程范围，按120次/h，每天不少于8h，往复升降各1000次（电梯完成一个全过程运行为一次，即关门→额定速度运行→停站→开门）。

② 电梯在启动、运行和停止时，轿厢应无剧烈振动和冲击，制动可靠。油的温升均不应超过60℃且温度不应超过85℃。不得有渗漏油现象。

2）超载试验。轿厢加入110％额定载荷，断开超载保护电路，由底层至顶层往复运行 30 次，电梯应能可靠地启动、运行和停止，制动可靠。

（5）电梯功能试验。电梯的功能试验根据电梯的类型、控制方式的特点，按照产品说明和订货合同所选功能书逐项进行。

（三）桥式起重机的安装

1. 桥式起重机概述

桥式起重机是横架于车间、仓库和料场上空进行物料吊运的起重设备。桥式起重机的桥架沿铺设在两侧高架上的轨道纵向运行，可以充分利用桥架下面的空间吊运物料，不受地面设备的阻碍。

桥式起重机一般分为：通用桥式起重机、防爆桥式起重机、绝缘桥式起重机、冶金桥式起重机、电动单梁起重机、电动葫芦桥式起重机等。

（1）结构　由桥架、装有提升机构的小车、大车运行机构及操纵室等几部分组成。

1）桥架是桥式起重机的基本构件，由主梁、端梁等几部分组成。也就是大车。主梁跨架在车间上空，其两端连有端梁，主梁外侧装有走台并设有安全栏杆。桥架上装有大车移行机构、电气箱、起吊机构、小车运行轨道以及辅助滑线架。桥架的一头装有驾驶室，另一头装有引入电源的主滑线。

2）大车移行机构由驱动电动机、制动器、传动轴、减速器和车轮等组成。其驱动方式有集中驱动和分别驱动两种。整个起重机在大车移行机构驱动下，沿车间长度方向前后移动。小车运行机构由小车架、小车移行机构和提升机构组成。

3）小车架由钢板焊成，其上装有小车移行机构、提升机构、栏杆及提升限位开关。

① 小车可沿桥架主梁上的轨道左右移行。在小车运动方向的两端装有缓冲器和限位开关。

② 小车移行机构由电动机、减速器、卷筒、制动器等组成。电动机经减速后带动主动轮使小车运动。

③ 提升机构由电动机、减速器、卷筒、制动器等组成，提升电动机通过制动轮、联轴节与减速器连接，减速器输出轴与起吊卷筒相连。

④ 操纵室是操纵起重机的吊舱，又称驾驶室。操纵室内有大、小车移行机构控制装置、提升机构控制装置以及起重机的保护装置等。操纵室一般固定在主梁的一端，也有少数装在小车下方随小车移动的。操纵室上方开有通向走台的舱口，供检修大车与小车机械及电气设备时人员上下用。

此外，还有小车导电装置（辅助滑线）、起重机总电源导电装置（主滑线）、交流磁力控制箱、电阻箱和起重机轨道。

（2）运动形式

桥式起重机的运动形式包括三种，即由大车拖动电动机驱动的前后运动，由小车拖动电动机驱动的左右运动以及由提升电动机驱动的重物升降运动。这样桥式起重机就可实现重物在垂直、横向、纵向三个方向的运动，把重物移至车间任一位置，完成车间内的起重运输任务。

2. 桥式起重机安装工艺要点

（1）轨道安装

1）轨道安装前，应对轨道端面、直线度和扭曲度进行检查，合格后在地面将轨道试组对。试组对时，两平行轨道的接头位置宜错开，其错开距离不应等于起重机前后车轮的轴距。

2）试组对后将轨道编号分类，确定轨道的安装基准线，宜为吊车梁的定位轴线，然后按编号位置将轨道吊装就位，并测量调整以下各项：

① 用水准仪测量轨道的标高、水平度，轨道顶面对其设计位置的纵向倾斜度不大于1/1000；

② 轨道顶面标高允许偏差±10mm，同一截面内两平行轨道标高相对差不大于10mm，可按吊车梁的高低和垫层的厚度调整

轨道基准点的标高；

③ 轨道沿长度方向在水平面内的弯曲，每 2 米测量长度内允许偏差为±1mm；

④ 轨道的横向倾斜度不应大于轨道宽度的 1/100；

⑤ 轨道的实际中心线与吊车梁的实际中心线的位置偏差不应大于 10mm，且不应大于吊车梁腹板厚度的一半。

3）敷设轨道时，必须核对起重机的跨度，使两者跨度一致。轨道就位后，调整轨道的中心线位置，对安装基准线水平位置的偏差不应大于 5mm，位置偏差采用钢盘尺加弹簧秤测量，测量时尺一端挂上弹簧秤，拉紧后记录秤的刻度及尺读数，下一组测量时秤的读数必须相同时尺的数据才有效。跨度偏差应符合：

① 起重机轨道跨度≤10m，允许偏差±3mm；

② 起重机轨道跨度＞10m，允许偏差≤±[3＋0.25（S－10）]且不超过±15mm；

式中 S——起重机跨度。

4）轨道接头伸缩缝处的间隙应符合设计规定，其允许偏差为±1mm。当轨道接头采用对接焊时，焊条应符合钢轨母材的要求，焊接质量应符合电熔焊的有关规定，接头顶面及侧面焊缝处均应打磨平整光滑；当接头采用鱼尾板连接时，轨道接头高低差及横向错位不应大于 1mm，间隙不应大于 2mm。

5）混凝土吊车梁与轨道之间的混凝土灌浆层或找平层应符合设计规定。

6）钢轨下用弹性垫板做垫层时，弹性垫板的规格和材质应符合设计规定，拧紧螺栓前，钢轨应与弹性垫板贴紧；当有间隙时，应在弹性垫板下加垫板垫实，垫板的长度和宽度均应比弹性垫板大 10～20mm。

7）当在钢吊车梁上铺钢轨时，弹性钢轨底面应与钢吊车梁顶面贴紧；当有间隙且其长度超过 200mm 时，应加垫板垫实，垫板长度不应小于 100mm，宽度应大于轨道底面 10～20mm，每组垫板不应超过 3 层，垫好后应与钢梁焊接固定。

8）轨道经调整符合要求后，应全面复查各螺栓并应无松动现象。

9）轨道上的车挡宜在吊装起重机前装好，同一跨端两条轨道上的车挡与起重机缓冲器均应接触。

（2）大车组装

1）组对两侧车轮架，两侧车轮架与主梁组对前将两接触面接触部位清理干净，使之露出金属光泽，按设备说明书将高强螺栓穿入后加垫片，用力矩扳手把紧，把紧力及把紧顺序按说明书要求进行；

2）组装桥架时，应按规定进行检查，对整体出厂的起重机亦按此规定进行复查；

3）主梁上拱度应用经纬仪、水准仪等测量标高的方法进行基准线测量，亦可用张紧的钢丝进行基准线测量。采用钢丝测量时，应在测量结果中消除钢丝自重的影响；

4）上拱度应在跨中 $S/10$ 区域内测量，悬臂上翘度应在悬臂全长处及最大有效悬臂处分别测量；

5）对角线误差的测量应以大车四只轮子的支点中心为测量点，或按照制造厂的定位点进行测量；

6）小车轨距的测量应在主梁组装后进行，主梁上的小车轨距和小车上车轮的轨距应一致；

7）组装大车运行机构时，应按规定进行检查；

8）大车组装检查合格后按图纸要求安装附属部件：走台、栏杆、操作室、安全尺、阻进器等。

（3）小车安装

1）现场组装小车运行机构时，小车轮距和轨距的相对差，应符合设备技术文件的规定；

2）小车同大车一同吊装时，应将小车固定在适当的位置以便安装。

（4）大车吊装

厂房内桥式起重机，由于轨顶距屋架下弦较近，一般不采用机械化吊装，而采用单桅杆直立整体吊装。

1）竖立桅杆

① 桅杆高度　桅杆的最大高度为地面至屋面板的高度减去桅杆顶部至屋面板之间的操作空间和桅杆垫设的枕木高度。最小高度应满足起升高度的需要。

② 桅杆的位置　由于桅杆需竖立在大车两主梁之间的桥式起重机的重心处，小车必须偏置，而桅杆也应偏离厂房的中心线。其偏移量应根据大车自重、小车自重和小车偏置距离，通过计算确定。

③ 桅杆底部处理　桅杆底部应夯实、平整，铺两层以上枕木，必要时可在两层枕木间加钢轨或工字钢，铺设面积根据地耐力通过计算确定。

④ 桅杆竖立方法　桅杆可用移动式起重机竖立，既快又安全，也可利用厂房吊车梁牛腿扳立桅杆，也可用辅助桅杆立桅杆。利用厂房吊车梁牛腿扳立桅杆时，要对吊车梁牛腿进行受力验算，保证横向水平分力不超过本跨度内最大起重量的桥式起重机的额定起重量与小车重量之和的 1/20。

竖立桅杆，应预先将桅杆的缆风绳临时结在靠近桅杆的屋架下弦上，待桅杆被吊到确定位置后，立即将全部缆风绳系牢在桅杆顶部，并在地面收紧，如个别缆风绳受力后有抬或斜拉屋架弦杆的情况，则应用临时缆风绳拉住桅杆，将固定缆风绳调整到合适位置后，再松开临时缆风绳。

⑤ 系挂滑车组、设置卷扬机　对于中小型桥式起重机，一般可系挂两副滑车组，用两台卷扬机起吊，卷扬机设置的地点和桅杆中心的距离要大于桅杆的长度，卷扬机可利用厂房内立柱根部固定，但在捆绑处应垫木块等保护。

2）组对大车、装小车　桥式起重机的大梁、小车运到起吊位置进行组装，大车组对完后，小车置于小车轨道上，并和大车捆绑牢固。

3）捆绑大车梁　对于 50t 以下的桥式起重机，只需挂两套滑车组，一般使用交叉捆绑法。

4）吊装　将桥式起重机吊离地面 200mm、5m，经 10min后无任何异常现象时，再作晃动桥式起重机试验，检验卷扬机、桅杆、缆风绳和地锚等的可靠性，一切正常后，继续起吊。

5）安装操作室　将桥式起重机吊离地面约 2.5m 高，在起重机下搭好枕木堆，使起重机搁在枕木堆上，然后将操作室装在大梁上。装完操作室后调整小车的位置，此位置经计算确定，使桅杆吊点两侧达到平衡。

（5）电气安装

大、小车吊装完，进行电气安装并联校。电气安装完成后，进行电气回路试验，合格后进行试运转。

3. 桥式起重机试运转

起重机电气装置安装完成，进行起重机的调试，主要调试起重小车吊钩上下止点、水平运行限位，大车限位、车挡以及起重机各部分的运转情况，其安全连锁装置、制动器、控制器、限位、信号和照明部分灵敏可靠，起重机机械部分运转正常。

起重机试运转必须持有操作许可证的司机具体操作。

（1）空载试运转

1）各机构、电气控制系统及取物装置在规定的工作范围内正常运作；各限位器、安全装置、联锁装置等执行动作灵敏、可靠；操作手柄、操作按钮、主令控制器与各机构动作一致。

2）起升机构和取物装置上升至终点和极限位置时，其终点缓冲开关和极限开关的动作应准确、可靠，及时报警断电。

3）小车运行至极限位置时，其终点低速保护、极限报警和限位应准确、可靠。

4）大车运行要求：

① 移动时有报警声或警铃声；

② 移动至大车轨道端部极限位置时，端部报警和限位准确、可靠；

③ 两台起重机间的防撞限位装置有效、可靠；

④ 供电的集电器与滑触线接触良好、无脱落和产生火花；

⑤ 大车运行与夹轨器、锚定装置、小车移动等联锁装置符合设计要求。

5）起重机空载试运转分别进行各档位下的起升、小车运行、大车运行和取物装置的动作试验，次数不少于 3 次。

（2）静载试运转

1）起重机的静载试验要求：

① 起重机大车停放在厂房柱子处；

② 将小车停在起重机的主跨中，无冲击地起升额定起重量 1.25 倍的载荷距地面 100～200mm 处，悬吊停留 10min，无失稳现象；

③ 卸载后，起重机的金属结构无裂纹、焊接开裂、油漆起皱、连接松动和影响起重机性能与安全的损伤等缺陷第三次主梁应无永久变形；

④ 重复试验不超过 3 次；

⑤ 小车卸载后开到跨端或支腿处，检测起重机主梁的实有上翘度，其值不小于：$0.7～0.8S/1000$，S 为起重机的跨度（mm），在主梁跨中 $S/10$ 的范围内测量。

2）起重机静载试验后，以额定起重量在主梁跨中检测起重机的静刚度，符合随机技术文件的规定。

（3）动载荷试运转

1）各机构的动载试运转要分别进行，当有联合动作试运转要求时，应符合随机技术文件的规定。

2）各机构的动载试运转在全行程上进行，试验载荷为额定起重量的 1.1 倍，电动起重机累计启动及运行时间不少于 1h，各机构动作灵敏、平稳、可靠。安全保护、联锁装置和限位开关的动作灵敏、准确可靠。

3）卸载后，起重机的机构、结构无损坏、永久变形、连接松动、焊接开裂和油漆起皱，液压系统和密封处无渗漏。

（四）燃气热水锅炉的安装

1. 燃气热水锅炉概述

燃气热水锅炉以燃气（如天然气、液化石油气、城市煤气、沼气等）为燃料，通过燃烧器对水加热，锅炉智能化程度高、加热快、低噪声、无灰尘，是一种非常适合中国国情的经济型锅炉品种。

燃气热水锅炉除上、下锅筒、对流管束、炉内装置、炉墙及保温、省煤器、软化水处理、烟筒和水泵等一般锅炉部件外，还具有燃烧器。

燃烧器的主要组成：

① 送风系统：送风系统的功能在于向燃烧室里送入一定风速和风量的空气，其主要部件有：壳体、风机驱动机、风机叶轮、风枪火管、风门控制器、风门挡板、凸轮调节机构、扩散盘。

② 点火系统：点火系统的功能在于点燃空气与燃料的混合物，其主要部件有：点火变压器、点火电极、点火高压电缆。

③ 监测系统：监测系统的功能在于保证燃烧器安全、稳定地运行，其主要部件有火焰监测器、压力监测器、温度监测器等。

④ 燃料系统：燃料系统的功能在于保证燃烧器燃烧所需的燃料。燃气燃烧器主要有过滤器、调压器、电磁阀组、点火电磁阀组、燃料蝶阀。

⑤ 电控系统：电控系统是以上各系统的指挥中心和联络中心，主要控制元件为程控器。

2. 燃气热水锅炉安装工艺要点

（1）本体安装

燃气锅炉本体包括底座、上汽包、下汽包、集箱、膜式水冷壁、对流管束、燃烧器、节能器、尾部烟道和炉体保温等。整装燃气热水锅炉是锅炉本体组装成一体到现场搬运和安装调平；散装锅炉下汽包置于锅炉底座，上汽包通过对流管束支撑在下汽包上。前水冷壁与前集箱组成锅炉前壁，在此处安装燃烧器；后水冷壁和后集箱组成锅炉后壁，在此处连接烟道安装节能器；炉墙为轻质敷管炉墙，在外侧铺设硅酸铝纤维保温棉、岩棉，在安装燃烧器、防爆门、炉膛等转角处浇筑耐火混凝土。

1）锅炉底座安装

锅炉底座要支撑整个锅炉的重量，同时由于锅炉的温度变化而进行合理膨胀。一般下汽包中间底座为固定支座，其他支座为滑动支座。固定支座在找平找正后可以直接固定，滑动支座安装时要考虑膨胀的方向，安装在滑道的末端，预留出膨胀滑动的间隙。支座安装与锅炉基础基准线误差不大于 3mm，水平误差控制在 1/1000 内。

2）汽包安装

① 先安装下汽包　调整好锅炉滑动支座膨胀间隙后，用钢板临时固定滑动支座，防止在锅炉安装施工过程中发生位移，在锅炉主体安装完成水压试验前拆除固定。采用汽车吊装汽包，吊装时用尼龙纤维吊装带捆绑，注意保护汽包上突出的各种管子，避免损伤。以安装基准线为准，安装找正下汽包，用水准仪调整标高和水平度后，将固定支座和滑动支座依次焊接在汽包垫板上。

② 上汽包安装

A. 临时支撑制作安装　由于上汽包由对流管束支撑，安装前按照设备图纸上汽包的实际高度和尺寸在汽包两端安装两个临时支架，作为临时支撑上汽包。临时支架强度和刚度满足上汽包的安装要求，有防止位移、沉降和滑动措施，并做好标记。在对流管束安装结束后拆除。

B. 上汽包安装　在临时钢支架上安装临时鞍座，将上汽包吊装到临时支架上，以下汽包为基准，调整上汽包的中心线、标高和纵横向位置。调整好后，用对流管束临时试装，符合要求后，固定临时鞍座、垫铁、支架等。

汽包集箱安装允许误差（mm）
表 6-4

序号	检查项目	允许误差
1	下汽包标高	±5
2	汽包纵横向中心位置偏差	±5
3	汽包、集箱全长纵向水平度	2
4	汽包、集箱全长横向水平度	1
5	上、下汽包之间水平和垂直方向距离	±3
6	上、下汽包横向中心线相对偏移	2
7	汽包和集箱横向中心线相对偏移	3

3）水冷壁和膜式壁安装　水冷壁在组装前需逐个进行通球试验，通球合格后用管帽密封，水冷壁、膜式壁与汽包上的相应短管进行焊接，前后水冷壁与集箱的短管焊接。

① 安装前的检查

A. 首先检查膜式水冷壁管、下降管等外表质量，应无撞伤、压扁、裂纹、砂眼、重皮和分层，焊接质量应符合有关要求。

B. 检查水冷系统管端口应与管中心垂直，其端面倾斜度应不大于 0.8mm。

C. 对水冷系统管子应逐根进行通球检查试验，应符合有关要求。

② 水冷壁的安装

A. 锅炉水冷系统为膜式水冷壁管结构，制造厂分段分片出厂，组合时应先在工作平台上逐片逐段进行拼装，组焊前首先应将距各管口 20mm 管段打磨光亮，然后各管排再与集箱组装焊接。

B. 焊缝经自检合格后，敲上焊工钢印，且经专职检验，应符合规范要求。

C. 按有关规范要求进行 X 光射线探伤检查，探伤比例

25%，Ⅱ级为合格。

水冷壁组合允许误差（mm）　　　　　表 6-5

序号	偏差名称		允许偏差值
1	联箱水平度		2
2	组件对角线误差		10
3	组件宽度	全宽≤3000	+5
		全宽>3000	2‰且≤15
4	火口纵横中心线		+10
5	组件长度		+10
6	组件平面度		+5
7	联箱间中心线垂直距离		+3

（2）水压试验

1）水压试验前的准备和检查

① 水压试验前，安装单位应预先制订好切实可行的试验方案，做好本体水压试验前的各项准备和检查工作。

② 在水压试验前，应将试验方案提前呈报当地质监部门进行审查，并通知有关人员届时参加水压试验监督、检查、指导工作。

③ 锅炉临时给水、升压、放水系统管道全部安装齐全，并可随时投入使用。

④ 锅炉安装有关检验记录、见证技术资料、检测报告应整理齐全备查。

⑤ 按有关要求在汽包上装设两只同规格压力表，精度不低于 1.6 级，表盘直径 $\Phi150$，表盘量程为试验压力的 1.5～3 倍，并经计量部门校验合格。

⑥ 在难以检查部位，应搭设临时脚手架，并给予充足照明。

⑦ 配备工作人员，明确组织分工及检查范围，并应设有可靠的通信联络方式，准备好必要的检修工具。

⑧ 试验用水，及早落实好充足的除氧软化水，水温应控制

在 25～70℃。

⑨ 水压试验时，要求环境温度应高于5℃，否则应有可靠的防冻措施。水压试验压力标准见表6-6所列。

锅炉本体水压试验的试验压力（MPa）　　　表 6-6

锅筒压力	试验压力
<0.8	锅筒工作压力的 1.5 倍，且不小于 0.2
0.8～1.6	锅筒工作压力加 0.4
>1.6	锅筒工作压力的 1.25 倍

2）水压试验程序

① 锅炉上水前，认真全面检查锅炉系统设备，关闭各排污、疏放水，打开炉顶向空排汽门、水连通阀门、再循环门。控制给水旁路门缓慢地向炉内系统进水。

② 当汽包水位计指示满水，同时炉顶向空放气门冒水约10min，关闭向空放气门（即可停止向炉内上水），同时关闭给水泵与给水旁路门。对锅炉本体系统进行一次全面的检查，并作好锅炉上水后各部位膨胀值记录。

③ 压力升至 0.4MPa 时停压，将各密封紧固部位（阀门、人孔门、手孔）作一次全面紧固螺栓工作，如无泄漏和异常，然后继续升压至工作压力后停止升压。再进行一次全面检查，无泄漏和异常情况后再继续升压至试验压力，保持 20min，然后降至工作压力，再进行全面检查。

④ 在试验检查全过程中，若发现有渗漏情况，及时做好标记，待降压后消缺处理。

⑤ 升、降压速度一般应控制在 0.3MPa/min 范围内。

⑥ 检查完毕后缓慢降压，待汽包压力表降至零位时，逐步打开向空排汽门、各排污门，缓慢地将炉水放尽，同时也可利用炉内余压对排污系统管道进行一次全面的冲洗。

3）水压试验合格标准及签证

① 在试验压力下，保压 20min，保压期间压力下降不超过

0.05MPa，然后降至工作压力时进行全面检查，压力应保持不变。

② 在受压金属元件和焊缝上没有水珠和水雾。

③ 水压试验后，没有发现残余变形。

④ 水压试验经有关人员进行全面检查合格后，应及时整理记录，办理有关签证手续。

（3）筑炉及保温工程

锅炉筑炉用料和有关工艺以正式图纸为准，施工时编制具体方案并实施。

1）砌筑施工　砌筑前，将保温材料进行抽样检测，合格后才能使用。

2）磷酸铝混凝土施工

① 按设计要求，先焊勾钉或不锈钢网。

② 按厂家提供的级配混合料现场搅拌、振捣，施工时必须提取试块，按时测定强度等技术参数。

③ 若浇筑量大可以用干式喷涂法喷涂施工。

3）纤维毡施工

① 所有与浇筑材料接触的金属表面，在浇筑前必须清灰、清锈、清油，并涂以1mm厚的沥青。

② 保温材料用保温钉、铁丝网和自锁压板固定。集箱、汽包的保温采用扁铁煨制成圈套在筒身上，保温钉焊接在扁铁圈上。

（4）燃烧器等设备安装

① 燃烧器安装前要认真检查炉膛前的预留孔位置，符合设计要求。燃烧器安装顺直，各管口封闭严密。

② 节能器安装前先进行支架安装，后进行节能器的组合安装，然后外保温。

③ 按图纸要求安装送风机、烟道、烟囱和其他附属设备。

3. 锅炉试运转

（1）烘炉

1）烘炉的目的

锅炉集箱、汽包、对流管束部位一般采用耐火混凝土浇筑料。由于这部分材料及浇筑混凝土中还含有一定的水分，如锅炉直接点火升温，内含的水分经受热产生水蒸气后将急剧地膨胀，导致锅炉受热面管道受损，所以在锅炉正式点火投运前，必须进行适当烘炉。

2）烘炉条件与准备

① 锅炉本体及其附属装置安装完毕，炉墙及保温工作已结束。

② 烘炉附属设备安装结束，并调试合格，能随时投运。

③ 烘炉需用的电气、仪表系统已安装齐全，并经调试合格，具备投运。

④ 锅炉给水系统安装完毕，并试验合格，可随时投入运行。

⑤ 系统管道安装完毕，调试正常，能随时投入运行。

⑥ 地面平整，道路畅通，消防设施齐全。

⑦ 通信线路畅通，照明充足。

⑧ 烘炉所需用燃气准备充足，保障供给。

3）烘炉方法

① 首先关闭人孔门、各手孔门、疏放水门、排污门等。开启给水旁路门、再循环门、向空排气门。

② 采用经化验合格的软化水，通过给水操作台缓慢地向炉内进水至汽包正常水位。

③ 烘炉温升控制：第一天烘炉升温控制在不大于50℃。燃烧强度和温度由节能器后烟温来控制，每天的温升不超过20℃，后期烟温最高不大于160℃。

④ 烘炉期间，汽包水位应经常保持在正常范围内。

⑤ 烘炉前应在炉墙外部适当留出湿气排气孔，以保证烘炉过程中炉内水蒸气能自由排出。

⑥ 烘炉前应预先在炉墙两侧砖缝丁字交叉缝处放置灰浆样，适时进行灰样含水率分析。

⑦ 烘炉过程中温升应平稳，且经常检查炉墙情况，防止产生裂纹及凹凸变形等缺陷。

4）烘炉检查合格标准及见证

① 由烘炉后期取炉墙灰浆样进行含水率分析，在7％以下时可停止烘炉。

② 烘炉结束，对有关炉墙进行全面检查，无异常变形等情况即为烘炉合格。

③ 烘炉检验合格，应及时整理记录，办理有关见证手续。

（2）煮炉

1）目的与原理

煮炉接着烘炉进行，是投运前的重要工作，即向锅内加入适量氢氧化钠和磷酸三钠，使锅水具有碱性来煮掉油污等，同时在内壁形成保护膜，可防止腐蚀。

2）煮炉条件

① 除具备烘炉的条件外，还要备足化学清洗剂。

② 药液准备：氢氧化钠200kg，磷酸三钠150kg（100％纯度），1kg药液加水3kg，制成均匀溶液。制备药液时，应穿橡皮鞋，系围裙，戴有防扩散玻璃的面罩。在制备和加药的地方，应有冷水水源和有关救护药品。

③ 加药一定要在炉内无压力及低水位下进行，打开空气门，锅炉上水至最低可见水位。

3）加药：加药由加药泵一次性加进，药液要充分溶解，严禁块状物带入汽包内。

4）升压：认真作好升压前的有关准备工作，火焰大小根据升压曲线需要而定。

5）煮炉步骤

① 升压前打开再循环阀，以利药液循环均匀调和并防止节能器过热。

② 打开疏水阀、放空阀以利铁锈排除及排出膨胀空气。

③ 水位低时，补给水由给水操作台送合格水，经节能器缓

慢进入，由于煮炉时为间断送水，严格控制节能器过热。

④ 压力升至 0.1MPa 时冲洗水位计。

⑤ 压力升至 0.2MPa 时各排污阀开启 10～20s 排污一次，排污水不得进入水箱。

⑥ 煮炉期间，水碱度不得低于 45mEq/L，否则要补充加药。

⑦ 取样时间：开始升压后每 2 小时一次，排污前后各一次，后期每小时一次。

⑧ 压力升至 0.3～0.4MPa 时，煮 12h，同时检查各部件有无松动、漏气情况。

⑨ 将压力缓慢升到工作压力，保压煮 12h，排汽量 15%，如压力过高再加大排汽量，然后补水至正常水位。当磷酸根趋于稳定时煮炉结束，反复多次放水、补水，降低炉水碱度至炉水碱度符合规定为止。

（3）严密性试验和试运行

1）锅炉经烘炉和煮炉后进行严密性试验，应符合下列要求：

① 锅炉压力升至 0.3～0.4MPa 时，对锅炉本体内的法兰、人孔、手孔和其他连接螺栓进行一次热态下的紧固。

② 锅炉升至工作压力时，各人孔、手孔、阀门、法兰和填料处无泄漏现象。

③ 锅筒、集箱、管路和支架等的热膨胀无异常。

④ 燃气锅炉的点火程序控制、炉膛熄火报警和保护装置灵敏可靠。

2）严密性试验后，锅炉的安全阀分别按规定进行最终调整，调整后的安全阀立即进行铅封。

3）现场组装的锅炉带负荷连续试运行 48h，整体出厂的锅炉带负荷连续试运行 4～24h，并做好试运行记录。

4）锅炉带负荷连续试运行合格后，即办理工程总体验收手续。工程未经总体验收，严禁锅炉投入使用。

（五）制冷设备的安装

1. 制冷设备概述

"制冷"就是使某一空间内物体的温度低于周围环境介质的温度，并连续维持这样一个温度的过程。

所有制冷装置都必须采用各种类型的制冷设备来实现其制冷目的，其中应用最为广泛的是利用液化气体来实现的人工制冷，称为蒸汽制冷。蒸气制冷是利用制冷压缩机来实现制冷循环。

蒸汽式制冷由压缩机、冷凝器、节流阀（或膨胀阀）和蒸发器组成。

2. 制冷设备安装工艺要点

（1）制冷设备的安装一般要求

1）整体出厂的制冷机组或压缩机组在规定的防锈期内安装时，油封、气封应良好且无锈蚀，其内部不可拆洗；当超过防锈保证期或有明显缺陷时，应按设备技术文件的要求对机组内部进行拆卸、清洗。

2）整体出厂的制冷机组安装时，可在底座的基准面上找正和调平；有减震要求的应按设计要求进行。

3）制冷设备安装时，配制与制冷剂接触的零件，不得采用铜和铜合金材料；与制冷剂接触的铝密封垫片应使用高纯度的铝材。

4）制冷设备安装时，所采用的阀门和仪表必须符合相应介质的要求，法兰、螺纹等处的密封材料，应选用耐油橡胶石棉板、聚四氟乙烯带、氯丁橡胶密封液等。

5）输送制冷剂管道的焊接，除应符合规范的规定外，宜采用氩弧焊封底，电弧焊盖面的焊接工艺。

6）制冷设备试运转过程，应避免向周围环境排放氟利昂制冷剂，防止污染环境。

（2）制冷压缩机的安装

1）活塞式压缩制冷机组安装的一般程序是机座安装、机体安装、机体找正找平、电动机安装、地脚螺栓灌浆、压缩机精平。

离心式制冷机组一般都是整体组装，系统内已充注工质及润滑油，故对主机不必清洗。机组吊装就位后，通过机组四角支座上的支承调节螺钉，上下调整机组水平。可在压缩机增速箱上部的加工平面处用水平仪检查其纵、横向水平。

2）压缩机和压缩机组的纵、横向安装水平均不应大于0.20/1000，并应在曲轴的外漏部位、底座或与底座平行的加工面上测量。

3）压缩机与电动机的连接，对无公共底座的应以压缩机为准，按设备技术文件的要求调整联轴器或皮带轮，找正电动机；对有公共底座的，其联轴器的找正应进行复检。

（3）附属设备及管道的安装

1）制冷系统的附属设备如冷凝器、贮液器、油分离器、中间冷却器、集油器、空气分离器、蒸发器和制冷剂泵等就位前，应检查管口的方向和位置、地脚螺栓孔和基础的位置，并应符合设计要求。

2）附属设备的安装，应进行气密性试验及单体吹扫。气密性试验压力，当设计和设备技术文件无规定时，按表6-7的规定执行。

气密性试验压力（绝对压力）（MPa）　　　　　表6-7

制冷剂	高压系统试验压力	低压力系统试验压力
R717	2.0	1.8
R22	2.5（高冷凝器压力） 2.0（低冷凝器压力）	1.8
R12	1.6（高冷凝器压力） 1.2（低冷凝器压力）	1.2
R11	0.3	0.3

3）卧式设备的安装水平和立式设备的铅垂度均应小于1/1000。

4）安装带有集油器的设备时，集油器的一端应稍低，洗涤式油分离器的进液口宜比冷凝器的出液口低。

5）安装低温设备时，设备的支撑和其他设备接触处应增设垫木，垫木应预先进行防腐处理，垫木的厚度不应小于绝热层的厚度。

6）与设备连接的管道，其进、出口方向应符合工艺流程和设计的要求。

7）制冷机泵的安装，除应符合国家现行《压缩机、风机、泵安装工程施工及验收规范》的有关规定外，且应符合下列要求：泵的轴线应低于循环贮液桶的最低液面，其间距应符合设备技术文件的规定；泵的进、出口连接管管径不得小于泵的进、出口直径；两台及两台以上泵的进液管应单独敷设，不应并联安装；泵不得空转或在有气蚀的情况下运转。

8）制冷系统管道安装之前，应将管子内的氧化皮、杂物和锈蚀除去，使内壁出现金属光泽面后，管子两端方可封闭。

9）管道的法兰、焊缝和管路附件等不应埋入墙内或不便检修的地方；排气管穿过墙壁处，必须加保护套管。其间宜留10mm的间隙，间隙内不应填充材料。有绝热层的管道在管道与支架之间应衬垫木，其厚度不应小于绝热层的厚度。

10）在液体管上接支管，应从主管的底部或侧部接出。供液管不应出现上凸的弯曲。吸气管除氟系统是专门设置在回油弯外，不应出现下凹的弯曲。

11）吸、排气管道敷设时，其管道外壁的间距应不大于200mm，在同一支架敷设时，吸气管宜装在排气管下方。

12）设备之间制冷剂管道连接的坡向及坡度。当设计或设备技术文件无规定时，应符合表6-8的规定。

13）设备和管道绝热保温的材料、保温范围及绝热层的厚度应符合设计规定。

气密性试验压力（绝对压力） 表 6-8

管道名称	坡向	坡度
压缩机进气水平管（氨）	蒸发器	≥3/1000
压缩机进气水平管（氟利昂）	压缩机	≥10/1000
压缩机排气水平管	油分离器	≥10/1000
冷凝器至贮液器的水平供液管	贮液器	(1～3)/1000
油分离器至冷凝器的水平管	油分离器	(3～5)/1000
机器间调节站的供液管	调节站	(1～3)/1000
调节站至机器间的回气管	调节站	(1～3)/1000

14）润滑系统和制冷剂管道上的阀门应符合下列要求：进、出口封闭性能良好，具有合格证并在保证期限内安装的阀门，可只清洗密封面；当不符合上述条件的阀门，均应拆卸、清洗并应按阀门的要求更换填料和垫片；每个阀门均应进行单体气密性试验。

15）阀门及附件安装时，单向阀门必须按制冷剂流动的方向装设，严禁装反；带手柄的阀门，手柄不得向下，电磁阀、热力膨胀阀、升降式止回阀等的阀头均应向上竖直安装；热力膨胀阀的安装位置应尽量靠近蒸发器，并便于调整和检修；感温包的安装应符合设备技术文件的要求。

3. 制冷系统的试运转

制冷系统试运转的目的是全面检查、测定制冷工艺设备安装的质量及制冷效果，并调试达到制冷工艺设计，以便投产使用。制冷系统的试验及试运转一般分为空负荷试运转、空气负荷试运转和系统试运转三个部分。

（1）空负荷试运转：空负荷试运转前应按设备技术文件的规定进行启动前的检查与准备。

1）活塞式压缩机空负荷试运转步骤和要求：先拆除气缸盖和吸、排气阀组并固定气缸套；启动压缩机并运转 10min 左右，停车后检查各部位的润滑和温升应无异常。而后应再断续运转

1h；停车后，检查气缸壁面应无异常的磨损；机组运转应平稳，无异常声响和剧烈震动；主轴承外侧面和轴封外侧面的温度应正常；油泵供应正常；轴封处不应有油的滴漏现象。

2）螺杆式压缩机空负荷试运转步骤和要求：脱开联轴器，单独检查电动机的转向应符合压缩机要求；联结联轴器并找正，其允许偏差应符合设备技术规定；盘动压缩机应无阻滞、卡阻等现象；应向油分离器、贮油器或油冷却器中加注冷冻机油，机油的规格及油位高度应符合设备技术文件的规定；油泵的转向应正确，油压调节至 0.15～0.3MPa（表压）；调节四通阀至增、减负荷位置，滑阀的移动应正确、灵敏，并将滑阀调至最小负荷位置；各保护继电器、安全装置的整定值应符合技术文件规定，其动作灵敏、可靠。

3）离心式压缩机空负荷试运转步骤和要求：按设备技术文件的规定冲洗润滑系统；加入油箱的冷冻机油的规格及油面高度应符合技术文件要求；抽气回收装置中压缩机的油位应正常，转向应正确，运转应无异常现象；各保护继电器的整定值应整定正确；导叶实际开度和仪表指示值，应按设备技术文件的要求调整一致。

（2）空气负荷试运转步骤和要求

1）活塞式压缩机空气负荷试运转步骤和要求：

吸、排气阀组安装固定后，应调整活塞的止点间隙，并符合设备技术文件的规定；压缩机的吸气口应加装空气滤清器；起动压缩机，当吸气压力为大气压力时，其排气压力对于有水冷却的应为 0.3MPa（绝对压力），对于无水冷却的应为 0.2MPa（绝对压力），并应连续运转且不得小于 1h；油压调节阀的操作应灵活，调节的油压应比吸气压力高 0.15～0.3MPa；能量调节装置的操作应灵活、正确；压缩机各部分的允许温升应正常。主轴承外侧面和轴封外侧面有冷却水时允许温升 40℃；无冷却水时允许温升 60℃。润滑油有冷却水允许温升 40℃，无冷却水时允许温升 60℃；气缸套的冷却水进水温不应大于 35℃，出口温度不应大于45℃；运转应平稳，无异常声响、振动；吸排气阀的阀片跳动声响应正常；各连接部位、轴封、填料、气缸盖和阀件应无漏气、漏水现象；空气负荷试运转后，应拆洗空气滤清器和油过滤器，更换润滑油。

2）螺杆式压缩机空气负荷试运转步骤和要求：应按要求供给冷却水；制冷剂为R12、R22的机组，启动前应接通电加热器，其油温不应低于25℃；调节油压应高于排气压力0.15～0.3MPa，精滤油器前后压差不应大于0.1MPa；冷却水温度不应高于32℃，压缩机的排气温度不超过90℃（R12）及105℃（R22、R717）。冷却后的油温对R12为30～55℃；对R22、R717为30～65℃；吸气压力不宜低于0.05MPa（表压），排气压力不高于1.6MPa（表压）；轴封处的渗油量不大于3mL/h。

3）离心式压缩机空气负荷试运转步骤和要求：应关闭压缩机吸气口的导向叶片，拆除浮球室盖和蒸发器上的视孔法兰，吸排气口应与大气相通；按要求供给冷却水，起动油泵及调节润滑系统，其供油应正常；点动电动机检查，转向应正确，且无阻滞现象；起动压缩机，机组的电机为通水冷却时，其连续运转时间不应小于0.5h，当机组的电机为氟冷却时，其连续运转时间不应大于10min；同时检查油温、油压，轴承部位的温升，机器的声响和振动均应正常；导向叶片的开度应进行调节试验，导叶的启闭应灵活、可靠；当导叶开度大于40％时，试验运转时间宜缩短。

（3）压缩机制冷系统试运转

制冷系统的设备及管道组装完毕后，应按下列顺序冲灌制冷剂：系统吹扫排污、气密性试验、抽真空试验、氨系统保温前的充氨检漏和系统保温后充灌制冷剂。

1）系统吹扫排污：制冷系统进行吹扫排污的目的在于进一步清除制冷系统中的污物，以免系统中的污物进入压缩机，造成气缸拉毛，而影响压缩机的正常运转。

吹扫排污工作可按设备、管段或分系统进行，直至系统内排出的空气不带有污物。吹扫时，所有阀门（除安全阀外）处于开启状态。氨系统吹扫介质为干燥空气，氟利昂系统可用氮气。吹扫压力为 0.5～0.6MPa。反复多次吹扫，并在排污口（一般选择最低点为排污口）设靶检查，直至无污物为止。

系统吹扫排污结束后，应将排污系统上的阀门阀芯取出，清理阀座和阀芯上的污物，然后重新安装。

2）气密性试验：制冷系统气密性试验的目的在于检查制冷系统各设备、管路的焊口、法兰和丝头等有无渗漏，保证制冷系统的正常运转。

气密性试验用干燥压缩空气或氮气进行，试验压力当设计和设备技术文件无规定时，应符合表 6-7 的规定。当高、低压系统区分有困难时，在检漏阶段，高压部分应按高压系统的试验压力进行，保压时可按低压系统的试验压力进行。

系统检漏时，应在规定的试验压力下，用肥皂水或其他发泡剂抹在焊缝、法兰等连接处检查，应无泄露；系统保压时，应充气至规定的试验压力，6h 后开始记录压力表读数，经 24h 以后再检查压力表读数；其压力降应按下式计算，不应大于试验压力的 1%。

$$\Delta P = P_1 - P_2(273 + t_1)/(273 + t_2)$$

式中　ΔP——压力降（MPa）；

　　　P_1——开始时系统中气体的压力（MPa，绝对压力）；

　　　P_2——结束时系统中气体的压力（MPa，绝对压力）；

　　　t_1——开始时系统气体的温度（℃）；

　　　t_2——结束时系统气体的温度（℃）。

当压力降超过规定时，应查明原因消除泄露，并应再次试验，直至合格。

3）制冷系统的抽真空试验

真空试验：制冷系统进行真空试验的目的，在于进一步检查制冷系统和设备有无渗漏，并为系统加注制冷剂做好准备。

真空试验以剩余压力表示，保持时间 24h。氨系统的真空试验压力不高于 0.008MPa，24h 后压力基本无变化。氟利昂系统的试验压力不高于 0.0053MPa，24h 后回升不大于 0.005MPa。

用压缩机进行抽真空时，首先打开系统上所有阀门，关闭所有与大气相通的阀门，然后再关闭压缩机上的高压阀门，打开低压阀门和压缩机上的排气堵头，启动压缩机，使系统内的空气由排气堵头排除，进行抽真空工作。用真空泵抽真空时，首先打开系统上所有连接的阀门，关闭与大气相通的阀门。打开压缩机上的排气阀门，然后将真空泵的吸入口管道与系统加注制冷剂管连接，启动真空泵，进行抽真空工作。

4）充注制冷剂：充灌制冷剂时，先充适量制冲剂检漏。氨系统加压到 0.1～0.2MPa（表压），用酚酞试纸检漏。氟系统加压到 0.2～0.29MPa，用卤素喷灯或卤素检漏仪检漏。经检查无渗漏方可继续加液（如有渗漏则抽尽所注制冷剂，修补后再试）。充注时，注意不要吸入空气和杂质。因空气中有水分，进入系统后会加剧对金属的腐蚀，氟系统还会造成"冰塞"现象，破坏系统的正常运转。氨系统也会产生蒸发压力、温度升高等现象。

当第一次灌注氟利昂时，一般采用高压段充灌。在真空实验停车后系统仍处于真空状态，然后将装制冷剂的钢瓶与系统的注液阀接通，氟利昂系统的注液阀接通前应加干燥过滤器，使制冷剂注入系统。

灌注氟利昂液体时，只有当钢瓶压力与系统压力相同时，方可启动压缩机，加快制冷剂充入速度。

5）系统试运转

制冷系统负荷运转的目的在于全面检查、测定制冷工艺设备的安装质量与运行参数，是否满足制冷工艺设计的要求，以便投产使用。试运转前，应首先启动冷凝器的冷却水泵及蒸发器的冷冻水泵或风机，并检查供水量、风量是否满足要求。凡设有油泵设备的，应先启动油泵，检查压缩机油面高度、压缩机电机运转方向等，确认无误后方可运转。

正常运转应不少于 8h。在运转过程中要注意油温、油压、水温是否符合要求。由于带制冷剂与单机试运转不同，对于不同的制冷剂，其排气温度的控制值是不同的。制冷剂为 R717、R22 的排气温度不得超过 150℃；如为 R12 时则不得超过 130℃。

系统试运转正常后，停车时必须按照下列顺序进行：

先停制冷机，油泵（离心式制冷系统应在主机停车 2min 后停油泵），再停冷冻水泵，冷凝水泵。

试运转结束后，应清洗滤油器、滤网，并应更换或再生干燥过滤剂的干燥剂。

七、安装钳工作业安全技术规程

（一）安装钳工安全操作规程

安装钳工在实际操作中需掌握锯、錾、锉、刮、铰、磨、钻及攻套丝等各种操作的正确姿势和钳工工具的正确使用，练好钳工安全实训基本功。同时遵守国家安全生产各种法律、规章和标准，熟悉工程安装内容和项目单项安全交底内容，做好以下安全操作规程。

1. 錾削操作安全规程

1）錾削脆性金属和修磨錾子时，正确佩戴防护眼镜，以免碎屑崩伤眼睛；

2）握锤的手不准戴手套，以免手锤飞脱伤人；

3）锤头松动、柄有裂纹、手锤无楔不能使用，以免锤头飞出伤人；

4）錾顶由于长时间敲击，出现飞刺、翻头须及时修磨，否则容易扎伤手面；

5）錾削工作台应设有安全网；

6）錾削临近终止时，锤击力要轻，以免用力过猛碰伤手。

2. 锉削操作安全规程

1）锉削不得使用无柄锉（什锦锉除外）和锉柄已经损坏的锉刀；

2）放置锉刀不准露出钳台外面，否则容易掉落地面折断锉刀或伤人；

3）锉刀不准当手锤或撬棍使用；

4）锉工件时，不准用嘴吹锉屑，以防锉屑飞入眼睛。也不准用手直接清理锉屑，要用毛刷清理。

3. 锯割操作安全规程

1）安装锯条时，锯条不可歪斜、过紧或过松；

2）锯割时压力不能过大，以防锯条折断，崩出伤人；

3）工件快要锯断时，必须用手扶住或用物体支撑锯下的部分，以防工件落下砸伤。

4. 钻孔操作安全规程

1）做好钻孔前的准备工作，认真检查钻孔机具，现场保持整洁，安全防护装置妥当；

2）操作者衣袖要扎紧，严禁戴手套，头部不要靠钻头太近，女工必须戴工作帽；

3）工件夹持要牢固，一般不可用手直接拿工件钻孔，钻小工件时，应用工具夹持；薄板钻孔时，用虎钳夹紧并在工件下垫好木板，使用平头钻头；

4）使用摇臂钻时横臂必须卡紧，横臂回转范围内不得有障碍物；

5）手动进钻退钻时，应逐渐增压或减压，不得用管子套在手柄上加力进钻；

6）钻孔过程中，严禁用棉纱擦拭切屑或用嘴吹，更不能用手直接清除切屑，应该用刷子或钩子清理。高速钻削要及时断屑，以防发生人身和设备事故；

7）严禁在开车状况下装卸钻头和工件，检查工件和变换转速要停车；

8）钻削脆性金属材料时，要佩戴防护眼镜；

9）在钻床上钻孔时，不能同时两人操作，以免配合不当。

5. 刮削操作安全规程

1）不能将刮刀插在衣袋内；

2）刮削工件时要用力平稳、均匀，不得用力过猛；

3）在砂轮机上修磨刮刀时，应站在砂轮机侧面，压力不可过大；

4）工件表面与标准板表面相互接触时，应轻而平稳，以防损伤棱角和表面。

6. 设备安装安全规程

1）设备安装要密切注意周围环境，避免因设备基础凸凹、预留洞、预埋件等造成的伤害；

2）设备开箱使用撬棍、手锤、大锤等，要均匀用力，不准戴手套，锤柄、锤头不得有油污。打大锤时，甩转方向不得有人；

3）使用活扳手，扳口尺寸应与螺帽尺寸相符，不应在手柄上加套管。高空上操作应使用死扳手，作业人员要系好安全带。如用活扳手，要用绳子拴牢；

4）设备安装时测量工具、仪器均是合格产品，并在检验周期范围内，工具、仪器的使用、存放应符合规定；

5）取放垫铁时，手指应放在垫铁的两侧；

6）检查设备内部，要用安全行灯或手电筒，禁用明火。对头重脚轻、容易倾倒的设备，一定要垫实、撑牢；

7）拆卸设备部件，应放置稳固，装配时，严禁用手插入连接面或探摸螺孔；

8）在倒链吊起的部件下检修、组装时，应将手链打结，并用枕木或支架等垫稳；

9）设备清洗、脱脂的场地，要通风良好，严禁烟火。清洗零件最好用煤油，用过的棉纱、布头、手套、油纸等应收集在金属容器内，集中处理；

10）部件热装、冷装的木材、煤、液化气和保温材料按照相关安全规定执行。

7. 设备试运转安全规程

1）设备试压、煮炉、清洗用水需排放在指定区域，经处理、检验合格后才能排出；

2）严格按照设备试运转方案要求的步骤和顺序进行，不得擅自改变或跳过运转程序；

3）设备试运转过程中需及时记录设备运转情况，包括设备温度、温升、压力等变化情况，发现异常及时停机处理；

4）设备试运转严格按单项安全技术措施进行。运转时，不准擦洗和清理、修理，并严禁将头、手伸入机械行程范围内；

5）设备试运转过程中禁止带压紧固、维修，需泄压后进行维修操作。

（二）安装钳工岗位职责

1. 在项目相关领导下开展工作，贯彻安全第一、预防为主、综合治理的方针，按规定搞好安全防范措施，把安全工作落到实处；

2. 认真熟悉施工规范、质量验收标准、施工图纸、施工安全、质量、技术方案和交底内容，了解设备安装工程进度计划及人力、物力计划和机具、用具、设备计划；

3. 参加项目部安全例会、职工班前会，确保工程安全；

4. 利用钳工知识完成设备基础验收、设备开箱检查、设备运输就位、设备找平找正、设备试运转等设备安装内容；

5. 及时做好安装、检查、试运转记录，作为安装检查原始资料；

6. 配合做好工序自检、交接检、互检记录；

7. 在施工中，发现不安全的人和事，立即建议、制止，并坚决拒绝违章作业和指挥，发现安全事故发生，采取必要的救援、避险措施。

（三）安装钳工作业应急避险措施

安装钳工在开始作业前，需了解现场危险源和重大危险源，熟悉专项安全管理方案和事故应急预案内容，加强应急预案的演练和学习。作业中若发生安全事故，可采取以下措施：

1. 事故灾情较小或单一小事故发生，应紧急处理灾情，并通知上级和医疗机构。

2. 发生较大和重大事故：

（1）按应急预案的要求，紧急撤离危险区域；

（2）通知上级部门和消防、医疗机构救援；

（3）明确现场危险区域、疏散人群、布置岗哨、保护现场，防止非救援人员进入现场；

3. 发现人员受伤时，在确保本身安全的情况下，积极抢救伤员，根据人员伤情采取现场急救或送医院救治。

总之，作业人员在施工过程中，要严格遵守安全操作规程，做到不伤害自己，不伤害他人，不被他人伤害。发现有危及人身安全的隐患时，要立即停止施工作业，撤离危险区域，待隐患排除后，方可重新上岗作业。

习　题

第一章　安装钳工机械识图

一、判断题

1. ［初级］孔的尺寸减去相配合轴的尺寸所得的代数差，为正值时称为间隙，为负值时称为过盈。

【答案】正确

2. ［初级］孔的最小极限尺寸与轴的最大极限尺寸之差为正值时，称之为最大间隙。

【答案】错误

【解析】孔的最小极限尺寸与轴的最大极限尺寸之差为正值时，称之为最小间隙。

3. ［中级］零件的表面粗糙度影响间隙配合的稳定性和过盈配合的连接强度。

【答案】正确

【解析】表面粗糙度对零件配合性质的影响为：当零件间为间隙配合时，表面粗糙度过大则易磨损，使间隙很快地增大，引起配合性质的改变，特别是在尺寸小、公差小的情况下，对配合性质的影响更大；当零件间为过盈配合时，表面粗糙度增大会减小实际有效过盈量，降低连接强度。因此提高零件表面质量，可以提高间隙配合的稳定性，并可提高过盈配合的连接强度。

4. ［中级］皮带轮工作表面的粗糙度越光越好。

【答案】错误

【解析】皮带轮工作表面的粗糙度越小，储存油的空隙越小，皮带的磨损反而加剧，并且增加皮带轮的加工成本。

5.〔中级〕电气原理图一般分主电路和辅助电路（控制电路）两部分。

【答案】正确

6.〔中级〕看管道施工图时，应弄清管线编号、管路走向、介质流向、坡度坡向、管径大小、连接方法、尺寸标高、施工要求等。

【答案】正确

7.〔中级〕电气辅助电路包括控制电路、照明电路、信号电路和保护电路。

【答案】正确

二、单选题

1.〔中级〕物体在三个方向上的视图的投影关系为：

主视图和俯视图，（　　　　）；

主视图和左视图，（　　　　）；

俯视图和左视图，（　　　　）。

A. 高平齐　　　B. 宽相等　　　C. 长对正

【答案】C、A、B

【解析】主视图与俯视图长应对正（简称长对正）；主视图与左视图高度保持平齐（简称高平齐）；左视图与俯视图宽度应相等（简称宽相等）。

2.〔中级〕过盈连接是依靠（　　　）配合后的（　　　）值达到紧固连接。

A. 运动副、公差　　　　　　　B. 两零件、过盈量

C. 包容件和被包容件、过盈量　　D. 部件、公差

【答案】C

【解析】过盈连接之所以紧固，原因在于零件具有弹性和连接具有装配过盈。装配后包容件和被包容件的径向变形使配合面间产生很大的压力。

三、多选题

1.〔高级〕装配图的规定画法有（　　　）。

A. 相邻零件不接触表面和非配合表面应画两条粗实线

B. 两个零件相互邻接时，剖面线的倾斜方向或间隔不得相同

C. 同一零件在各视图中的剖面线方向和间隔必须一致

D. 当剖切平面通过标准件及实心件的轴线时，这些零件应按剖视绘制

E. 当剖切平面垂直标准件及实心件的轴线时，这些零件应画剖面线

【答案】ABCE

【解析】机械制图装配图画法的基本规定：

1）两相邻零件的接触面和配合面只画一条线；相邻两零件不接触或不配合的表面，即使间隙很小，也必须画两条线。

2）相邻两零件的剖面线方向一般应相反，当三个零件相邻时，若有两个零件的剖面线方向一致，则间隔应不相等，剖面线尽量相互错开。装配图中同一零件在不同剖视图中的剖面线方向应一致、间隔相等。

3）当剖切平面通过螺纹紧固件以及实心轴、手柄、连杆、球、销、键等零件的轴线时，均按不剖绘制。用局部剖表明这些零件上的局部构造。

四、案例题

［中级］下图为一种滑动轴承的装配图，请问：

（1）该装配图采取（ B）形式表达滑动轴承的结构形状。

A. 全剖视图   B. 半剖视图

C. 阶梯剖视图   D. 旋转剖视图

（2）图中，表示滑动轴承特性、规格尺寸的是（ BCL）；

表示配合尺寸的是（ ABHI）；

表示安装尺寸的是（DEG）；

表示外形尺寸的是（ FJL）；

表示相对位置尺寸的是（A）；

表示主要尺寸的是（ BCEL）。

A. $86\dfrac{H9}{f9}$ B. $\phi 50H8$ C. 58

D. 32 　　　　　　E. 176 　　　　　　F. 236

G. $2\times\phi20$ 　　　H. $60\ \dfrac{H9}{f9}$ 　　　I. $\phi60\ \dfrac{H9}{f6}$

J. 121 　　　　　　K. 55 　　　　　　L. 76

（3）图中，轴承盖与轴承座止口间属于过盈配合。（ × ）

（4）下轴瓦与轴承盖的接触面积比上轴瓦要求高。（ ✓ ）

（5）上下轴瓦与轴的配合采用 （ A ）。

A. 基孔制 　　　　　　　　B. 基轴制

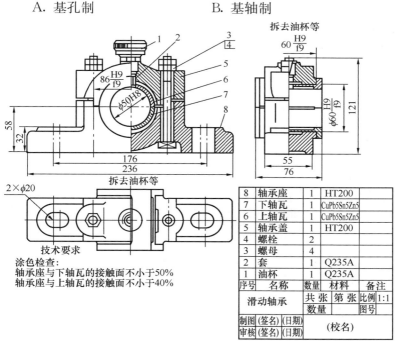

8	轴承座	1	HT200	
7	下轴瓦	1	CuPb5Sn5Zn5	
6	上轴瓦	1	CuPb5Sn5Zn5	
5	轴承盖	1	HT200	
4	螺栓	2		
3	螺母	4		
2	套	1	Q235A	
1	油杯	1	Q235A	
序号	名称	数量	材料	备注
滑动轴承		共 张	第 张	比例1:1
		数量		图号
制图(签名)(日期)				
审核(签名)(日期)		（校名）		

技术要求

涂色检查:

轴承座与下轴瓦的接触面不小于50%

轴承座与上轴瓦的接触面不小于40%

第二章　安装钳工基础知识

一、判断题

1.［初级］经过热处理的套类零件，采用加热法装配时，其加热温度应小于热处理回火温度。

【答案】正确

【解析】零件加热温度超过回火温度后，相当于重新热处理，改变了原有的晶相组织，丧失了原有的硬度和耐磨性等特性。

2. ［初级］45 号钢表示平均含碳质量分数为 4.5％的优质碳素结构钢。

【答案】错误

【解析】优质碳素结构钢钢号开头的两位数字表示钢的碳含量，是以平均碳含量的万分之几表示，平均碳含量为 0.45％的钢，钢号为"45"。

二、单选题

1. ［初级］（   ）是用来调定系统压力和防止系统过载的压力控制阀。

A. 油缸   B. 溢流阀

C. 换向阀   D. 节流阀

【答案】B

【解析】在定量泵节流调节系统中，当系统压力增大时，溢流阀开启，使多余流量溢回油箱，保证溢流阀进口压力，即泵出口压力恒定；一般液压系统正常工作时，溢流阀阀门关闭。只有负载超过规定的极限（系统压力超过调定压力）时开启溢流，进行过载保护，使系统压力不再增加。

2. ［中级］调质处理就是（   ）的热处理。

A. 淬火＋低温回火   B. 淬火＋中温回火

C. 表面淬火＋回火   D. 淬火＋高温回火

【答案】D

【解析】调质处理就是指淬火加高温回火的双重热处理方法，其目的是使工件具有良好的综合机械性能。

3. ［中级］流量控制阀是靠改变（   ）来控制、调节油液通过阀口的流量，从而改变执行机构的运动速度。

A. 液体压力大小   B. 液体流速大小

C. 通道开口的大小

【答案】C

【解析】流量控制阀是在一定压力差下，依靠改变节流口液阻的大小来控制节流口的流量，从而调节执行元件（液压缸或液压马达）运动速度的阀。

4.〔中级〕能保持传动比恒定不变的是（　　）。

A. 带传动　　　　　　　　B. 链传动

C. 齿轮传动　　　　　　　D. 摩擦轮传动

【答案】C

【解析】根据渐开线的性质，一对渐开线齿轮在传动啮合时，啮合点的轨迹是一条啮合线，并且啮合线与两个齿轮的基圆相切。所以，主、被动轮啮合点的速度方向始终与基圆相切，传动比就是基圆半径比。

5.〔高级〕下图中涂黑部位是一对齿轮副轮齿的接触印痕，据此可初步判断该齿轮副的装配精度，(a) 图为(　　)；(b) 图为(　　)；(c) 图为(　　)；(d) 图为(　　)。

A. 中心距过大　　　　　　B. 中心距过小

C. 中心距合适　　　　　　D. 中心距合适但歪斜

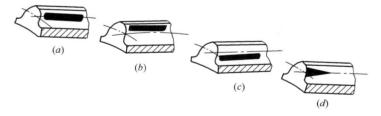

(a)

(b)

(c)

(d)

【答案】C、A、B、D

【解析】一对装配精度高的齿轮副轮齿啮合接触斑点应均匀分布在节圆的上下，接触面积沿齿宽应大于 60%，沿齿高应大于 45%。若接触印痕偏离节圆，则此齿轮副装配精度不符合要求。

6.〔高级〕钢件淬火时，一般将钢件加热到(　　)。

A. Ac1 以上 30~50℃

B. Ac3 以上 30～50℃

C. Acm 以上 30～50℃

D. Ac1（或 Ac3）以上 30～50℃

【答案】D

【解析】亚共析钢淬火通常加热温度是在 Ac3 以上 30～50℃，过共析钢淬火通常加热温度是在 Ac1 以上 30～50℃。如果淬火加热温度过高，将导致渗碳体消失，奥氏体晶粒粗化，淬火后得到粗大针状马氏体，残余奥氏体量增多，硬度和耐磨性降低，脆性增大；如果淬火温度过低，可能得到非马氏体组织，则钢的硬度达不到要求。

三、多选题

1. ［初级］热处理过程一般分为（　　）、（　　）和（　　）三个步骤。由于（　　）、（　　）和（　　）的不同，可使钢产生不同的组织转变。

A. 保温时间　　　　　　　　B. 加热

C. 加热温度　　　　　　　　D. 保温

E. 冷却　　　　　　　　　　F. 冷却速度

【答案】BDECAF

【解析】热处理是将固态的钢重新加热、保温或冷却而改变其组织结构，以满足零件的使用要求或工艺要求的方法。加热温度的高低、保温时间的长短、冷却速度的快慢，可使钢产生不同的组织变化。

2. ［中级］退火的目的主要是（　　）。

A. 降低硬度，便于切削加工

B. 消除或改善钢在铸造、轧制、锻造和焊接过程中所造成的各种组织缺陷

C. 细化晶粒、改善组织，为最终热处理做准备

D. 消除应力，防止变形和开裂

【答案】ABCD

3. ［高级］錾子淬火包含着两个内容：即淬火和回火。錾子

淬火的步骤如下：（　　　）

A. 将錾子的切削刃斜面磨光

B. 把錾子的切削刃（长度 20～30mm）部分用乙炔焰加热至 780°（呈樱红色）

C. 当出现紫色（相当 350°左右）时，即将錾子全部浸入水中，使其全部冷却

D. 当露出水面的加热部分变成暗棕色时，取出錾子利用余热回火，观察刃部颜色变化的过程（白→黄→紫→蓝）

E. 把加热的切削刃垂直放入水中（放入深度约 4～5mm），同时上下轻微抖动錾子，以便消除淬硬部位与不淬硬部位的明显分界线

【答案】B→E→D→C

【解析】A 属于淬火前的准备过程。

4. ［高级］若皮带传动过程中发生抖动，可通过（　　　）等方法调整张紧力解决。

A. 增大皮带轮中心距

B. 采用张紧轮装置（张紧轮应放在松边外侧，并靠近小皮带轮处）

C. 减小皮带长度

D. 增大大皮带轮直径

【答案】ABC

【解析】增大大皮带轮直径，将改变皮带传动比。

第三章　安装钳工岗位操作技能

一、判断题

1. ［初级］由于划线的线条有一定宽度，一般划线精度可达到 0.25～0.5mm。

【答案】正确

【解析】因划针使用频繁，尖端容易磨钝，影响了划线精度。

2. ［初级］当螺栓断在孔内时，可用直径比螺纹小径小0.5～1mm 的钻头钻去螺栓，再用丝锥攻出内螺纹。

【答案】正确

【解析】钻孔直径小于螺纹小径，螺纹牙型未损伤，不影响再次攻丝。

3. ［初级］在两种不同材料上钻骑缝螺钉时，钻头要往软材料一边"借"，这样最后钻出的孔正好在两个零件中间。

【答案】错误

【解析】样冲眼应打在略偏于硬材料一边，以抵消因阻力小而引起钻头向软材料方向偏移。

4. ［初级］錾子的打击面因受到榔头的直接锤击，要求有一定硬度，所以对錾子的打击面一端也要淬火。

【答案】错误

【解析】錾子打击面不能淬火，是因为打击面淬火后硬度和脆性增大，而延展性和塑性变形变差，受到击打后容易产生细小颗粒飞溅，对操作者形成安全威胁。

5. ［初级］钻孔时加切削液的主要目的是提高孔的表面质量。

【答案】错误

【解析】钻孔属于半封闭加工，切削热难以散发，钻头切削刃会因为高温而迅速磨钝。钻孔时加切削液主要是为了冷却和润滑。润滑可以减小钻头与孔壁的摩擦。

6. ［中级］设计基准是指在零件图上用以确定其他点、线、面位置的基准。

【答案】正确

【解析】设计基准是根据零件工作条件和性能要求而确定的基准，是在零件设计时用以确定零件尺寸及相互位置要求的依据。

7. ［中级］钻削直径超过 $\phi30$ 的孔可分两次钻削，先用0.5～0.7 倍的钻头钻孔，然后再用所需孔径的钻头扩孔。

【答案】正确

【解析】孔径越大。钻头的横刃越厚，轴向力越大，要求的进给力也越大，排屑也困难，散热也不好。宜分两次钻削，不过第一次钻头的直径不要太大，只要大过二次钻削钻头横刃的厚度即可。直径太大时，会造成二次钻削，钻头钻出时有"扎刀"现象。

8. ［高级］正确锯切钢管的过程为（A）。

A. 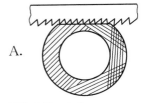　　B.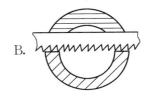

【答案】正确

【解析】锯削时仅从一个方向锯削，管壁易钩住锯齿而使锯条折断。正确的锯法是每个方向只锯到管子的内壁处，然后把管子转过一定角度再起锯，且仍锯到内壁处，如此逐次进行直至锯断。

9. ［高级］一次安装在方箱上的工件，通过方箱翻转，可划出两个方向的尺寸线。

【答案】错误

【解析】一次安装在方箱上的工件，通过方箱翻转，可划出三个方向的尺寸线。

10. ［高级］刃磨錾子时，錾子应位于砂轮中心之下，在旋转着的砂轮轮缘上作左右移动，錾子锋口的两面应交替刃磨，并保持宽度一样。刃磨过程中錾子应经常浸水冷却，防止过热退火。

【答案】错误

【解析】刃磨錾子时，錾子应位于砂轮中心之上，在旋转着的砂轮轮缘上作左右移动，錾子锋口的两面应交替刃磨，并保持宽度一样。

11.［高级］在钢制工件上攻丝时，底孔直径的计算公式为 $\phi_{底}=D-(1.05\sim1.1)\,t$。

【答案】错误

【解析】在钢制工件上攻丝时，底孔直径的计算公式为 $\phi_{底}=D-t$。

二、单选题

1.［初级］使用錾子錾削薄钢板时，应用左手采取（　　）操作。

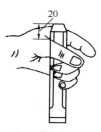

A. 正握法　　　　　　B. 反握法　　　　　C. 立握法

【答案】A

【解析】正握法：手心向下，用虎口夹住錾身，拇指与食指自然张开，其余三指自然弯曲靠拢握住錾身。露出虎口上面的錾子顶部不宜过长，一般在 $15\sim20$mm。

2.［初级］测量时能用0.03mm的塞尺插入，而用0.04mm的塞尺不能插入，说明间隙是在（　　）mm。

A. 0.03　　　　　　B. 0.03～0.04　　　C. 0.04

【答案】B

【解析】使用塞尺测量间隙时，直到选择出能塞入和不能塞入的两个塞尺，所测量的间隙大小应该为在两片塞尺的厚度值之间。塞尺只能测量出间隙值的范围，不能得到精确结果。

3.［初级］测量铸件毛坯尺寸应用（　　）。

A. 游标卡尺　　　　　　B. 钢直尺

C. 百分表

【答案】B

【解析】测量或检验零件尺寸时，要按照零件尺寸的精度要求，选用相适应的量具。游标卡尺是一种中等精度的量具，它只适用于中等精度尺寸的测量和检验。用游标卡尺去测量锻铸件毛坯或精度要求很高的尺寸，都是不合理的。前者容易损坏量具，后者测量精度达不到要求。

4. ［初级］斜槽丝锥有左、右斜槽丝锥两种。（　　）用于加工通孔，（　　）用于加工不通孔，丝锥使切屑向上排出。

A. 左斜槽丝锥　　　　B. 右斜槽丝锥

【答案】B、A

【解析】螺旋槽丝锥容屑槽是螺旋状的，根据旋向的不同分为左旋和右旋。左旋螺旋槽丝锥攻丝时切屑向下排，适合于通孔；右旋螺旋槽丝锥攻丝时切屑向上排出，适合于盲孔。

5. ［初级］刮削工件表面前，通常要涂显示剂。常用的显示剂为红丹粉。调制显示剂时，干稀要适当。一般（　　）时，可调得稀一些，（　　）时可调得干一些。

A. 粗刮　　　　　　　B. 精刮

【答案】A、B

【解析】显示剂通常由红丹粉加机油调和而成。用于粗刮时，红丹粉应调稀，以便于涂布且显示速度较快，显示点较大，有利于提高刮削效率。精刮时应采用较稠的显示剂，以真实地显示接触点的大小。最后刮削时，一般不再涂显示剂。

6. ［初级］攻螺纹时，丝锥切削刃对材料产生挤压，因此攻螺纹前底孔直径必须（　　）螺孔小径的尺寸。

A. 大于　　　　　　　B. 小于

【答案】A

【解析】应该略大于螺纹小径尺寸。因为普通丝锥是不具备钻孔功能的，如底孔直径等于或小于螺纹小径，丝锥与底孔间没有间隙排屑困难，可能烂牙或断丝。

7. ［中级］下图是在圆钢上进行套丝操作，操作正确的方式是(　　)。

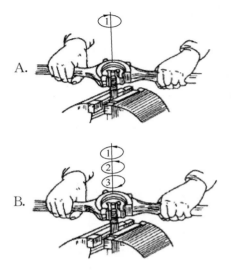

A.

B.

【答案】B

【解析】进行套丝操作中，板牙每绞动一两圈，就应反转一圈，以使切屑碎断并及时排屑。

8.［中级］下图为使用带有刀口形量爪和圆柱面形量爪的游标卡尺测量内孔直径的情形，(　　)种情形的测量结果将比实际孔径 D 要小。

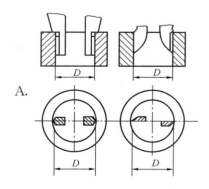

A.

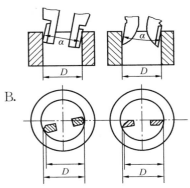

B.

【答案】B

【解析】从 B 图可以明显看出，游标卡尺如此倾斜测量内孔直径时，两量爪间距明显小于孔径 D。

9. ［中级］刃磨麻花钻时，刃磨部位是（   ）。

A. 前面   B. 后面

C. 棱边

【答案】B

【解析】麻花钻刃磨部位是后面。

10. ［中级］样冲用工具钢制成，冲尖磨成（   ）。

A. 10°～30°   B. 30°～45°

C. 45°～60°

【答案】C

【解析】样冲尖一般磨成 45°～60°，否则容易崩裂。

11. ［高级］平面刮刀淬火后必须进行刃磨。刃磨时，首先在（   ）上粗磨几何角度，接着在（   ）上细磨切削刃，最后在（   ）上研磨切削刃至正确的几何角度。

A. 磨石   B. 砂轮

C. 研磨小平板

【答案】B、A、C

【解析】平面刮刀刃磨分粗磨、细磨和精磨，相应的磨具为砂轮、磨石和研磨小平板。

12. [高级] 下图为使用带有圆柱面形量爪的游标卡尺测量两孔间距的情形。已知，$t=5$mm，$D=46.2$mm，$d=40.8$mm，$M=101$mm，则两孔孔距 L 为（　　）mm。

A. 62.5　　　　　　　　B. 67.5

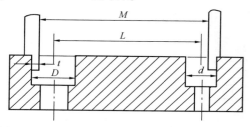

【答案】B

【解析】$L=M+2t-D/2-d/2=101+2×5-46.2/2-40.8/2=67.5$（mm）

三、多选题

1. [初级] 基准可分为设计基准和工艺基准两大类。其中工艺基准是指零件在加工和装配过程中所用的基准。按其用途不同，又分为（　　）、（　　）、（　　）和（　　）。

A. 装配基准　　　　　　B. 加工基准

C. 测量基准　　　　　　D. 定位基准

E. 工序基准

【答案】A、C、D、E

【解析】工艺基准就是加工基准，B项错误。

2. [初级] 在零件上攻丝时，产生螺纹乱牙的原因可能有（　　）。

A. 螺纹底孔直径太小，丝锥不易切入，孔口乱牙

B. 用二攻丝锥时，与已切出的螺纹没有旋合好，就盲目攻削

C. 螺纹歪斜过多，用丝锥强行借正

D. 对韧性材料未加切削液或切屑未碎断强行攻削，将已切出的螺纹拉坏

【答案】ABCD

【解析】四个选项均正确。

3. ［初级］划线的作用有（ ）。

A. 可使零件在加工时有一个明确的界限

B. 能及时发现和处理不合格的毛坯，避免加工后造成损失

C. 当毛坯误差不大时，可通过划线的借料得到补救

D. 便于复杂工件在机床上安装、找正和定位

【答案】ABCD

【解析】四个选项均正确。

4. ［中级］划线基准的选择原则是（ ）。

A. 划线基准应尽量与设计基准重合

B. 形状对称的工件，应以对称中心线为基准

C. 有孔或凸台的工件，应以主要的孔或凸台中心线为基准

D. 在未加工的毛坯上划线，应以不加工面作基准

E. 在加工过的工件上划线，应以加工过的表面作基准

【答案】ABCDE

【解析】五个选项均正确。

5. ［中级］圆柱形工件外径为 $\phi100$，在其端面 $\phi60$ 圆周上均匀分布着 $6-\phi10$ 的螺孔，试述用分度头划出螺孔中心线的过程。（ ）。

A. 将工件装夹在分度头上

B. 将划线游标尺对准工件中心（分度头中心）划出第一条中心线，然后分度手柄转过 6 又 2/3 圈，划出第二条中心线，依次类推

C. 计算每次分度头手柄遥过的转数。六等分时每等分手柄转数＝40/等分数＝40/6＝6 又 2/3 转

D. 调整分度头。将分度板 66 孔圈向外，分度手柄定位销定在 66 孔圈上，分度叉张开 44 个孔的间距，分度头就调整好了

E. 划分度圆。在工件上用划轨划出 200mm 直径的分度圆。

这些中心线与工件 200mm 直径的圆的交点就分别是六个孔的位置

【答案】 A→C→D→B→E

【解析】答案过程正确。

四、案例题

1. ［初级］下图为一板状零件，请问：

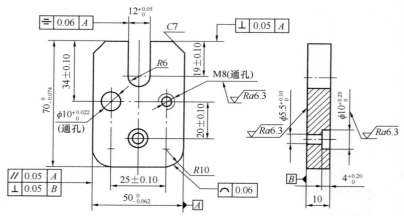

（1）该零件在水平方向和竖直方向的设计基准分别为（E）和（A）。

    A. 上平面   B. 下平面

    C. 左侧面   D. 右侧面

    E. 左右对称线

（2）该零件加工前的划线属（A）。

    A. 平面划线   B. 立体划线

（3）该零件在划线操作时可能使用（ACDE）划线工具。（选对三个以上即可）

    A. 划线平板   B. 划针

    C. 划规   D. 游标高度卡尺

    E. 样冲   F. 分度头

（4）划线时，当发现毛坯误差不大时，可依靠划线时变换基

准的方法予以补救，使加工后的零件仍然符合要求。（×）

（5）在已加工表面划线时，在划线部位应用的涂料是蓝油。（√）

2.［中级］采用水平仪检测设备导轨安装精度，请问：

（1）在使用水平仪测量设备的水平度时，应在被测量面上原地转 90°进行测量。（×）

（2）水平仪只能测量平面度、平行度、直线度，不能测量垂直度误差。（×）

（3）测量机床回转面的分度误差用（D）。

A. 自准直仪　　　　　B. 光学平直仪

C. 水平仪　　　　　　D. 经纬仪

（4）已知水平仪的精度为 0.02/1000，垫块长度为 250mm，测得读数如下：＋1，＋2，＋0.5，0，－1，－0.5，－1，则导轨在垂直平面内的最大直线度误差为（C）。

A. 3.2　　　　　　　　B. 0.3

C. 0.016　　　　　　　D. 0.1

水平仪读数 Δy	+1	+2	+0.5	0	-1	-0.5	-1
代数平均值（e）	$e=\dfrac{1+2+0.5+0-1-0.5-1}{7}=\dfrac{1}{7}=0.1$						
相对偏差 Δy-e	+0.9	+1.9	+0.4	-0.1	-1.1	-0.6	-1.1
积累误差	↑ 0.9	↗↓ 2.8	↗↓ +3.2	↗↓ +3.1	↗↓ +2.0	↗↓ +1.4	↗↓ +0.3

（5）水平仪的测量精度与（ABCD）有关。

A. 检测部位的洁净度　　　　B. 仪器周围温度

C. 手离气泡远近　　　　　　D. 对气泡管呼气

第四章　机械零部件装配

一、判断题

1.［初级］普通楔键连接，键的上下两面是工作面，键侧与键槽有一定间隙。

【答案】正确

【解析】楔键的上下表面是工作面，键侧与键槽有一定间隙。键的上表面和轮毂键槽底面均具有 1：100 的斜度。装配后，键楔紧于轴槽和毂槽之间。工作时，靠键、轴、毂之间的摩擦力及键受到的偏压来传递转矩，同时能承受单方向的轴向载荷。

2.〔中级〕机械设备拆卸时，一般从内部拆至外部，从下部拆至上部，先拆零件，后拆部件。

【答案】错误

【解析】拆卸工作应按一定的顺序进行，先拆外部附件，然后按部件、组件进行拆卸。在拆卸部件或组件时，应按照先外后内，先上后下的顺序，依次进行。

3.〔中级〕螺纹连接一般都具有自锁性，在受静载荷的条件下，不会自行松脱。

【答案】正确

【解析】螺栓或螺钉联接一般都有自锁性，在受静载荷和工作温度变化不大时，不会自行松脱。但在冲击、振动或变载荷作用下，以及工作温度变化很大时，螺栓或螺钉联接就有可能回松，为了保证联接可靠，必须采用防松措施。

4.〔中级〕装配轴套式整体滑动轴承时，应根据轴套与座孔配合过盈量的大小确定适宜的压入方法。

【答案】正确

【解析】根据整体式轴承的轴套与座孔配合过盈量的大小，确定适宜的压入方法。尺寸和过盈量较小时，可用手锤敲入；尺寸或过盈量较大时，则宜用压力机压入。

5.〔中级〕圆柱销可以多次装拆，一般不会降低定位精度和连接的紧固性。

【答案】错误

【解析】圆柱销利用微小过盈固定在铰制孔中，可以承受不大的载荷。为保证定位精度和联接的紧固性，不宜经常拆卸，主要用于定位，也用作联接销和安全销。

6. ［高级］温差法装配和拆卸零件，主要是利用物体热胀冷缩特性。

【答案】正确

【解析】采用温差法装配，主要是利用物体热胀冷缩特性。通过加热胀大包容件或冷却收缩被包容件，或同时加热包容件和冷却被包容件，从而形成装配间隙。

7. ［高级］长径比较大的零件，如精密的细长轴丝杠、光杠等零件，拆卸下来清洗后，应垫平存放。

【答案】正确

【解析】长径比较大的零件，如精密的细长轴丝杠、光杠等零件，拆卸下来清洗后，垫平存放。

二、单选题

1. ［初级］键连接可分为松键连接、紧键连接和（ ）连接三大类。

A. 普通平键   B. 导向平键
C. 花键   D. 切向键

【答案】C

【解析】键是用来联结轴和轴上零件的一种标准零件，主要用于轴向固定以传递转矩。键连接可分为松键连接、紧键连接和花键连接三大类。

2. ［初级］销连接在机械中的主要作用是（ ）。

A. 定位   B. 连接
C. 锁定零件   D. 定位、连接和锁定零件

【答案】D

【解析】销连接在机械中的主要作用是定位、连接和锁定零件，还可作为安全装置中的过载保险元件。

3. ［初级］装配凸缘式联轴节，当对两传动轴的连接要求较高时，常用（ ）来进行精确校正。

A. 直尺   B. 水平尺
C. 水平仪   D. 百分表

【答案】D

【解析】装配凸缘式联轴节，当对两传动轴的连接要求较高时，常用百分表来进行精确校正两传动轴的同轴度。

4. ［中级］利用温差法装配时，加热包容件时，未经热处理的装配件，加热温度应低于(   )℃。

A. 500   B. 600

C. 400   D. 300

【答案】C

【解析】加热包容件时，加热应均匀，不得产生局部过热；未经热处理的装配件，加热温度应小于400℃；经过热处理的装配件，加热温度应小于回火温度。温度过高，零件的内部组织就会改变，且零件容易因变形而影响零件的质量。

5. ［中级］常温下，把轴压入孔中或把套装在轴外面的装配是(   )。

A. 加热装配   B. 常温装配

C. 冷却装配   D. 蒸汽装配

【答案】B

【解析】常温装配也称为冷态法装配，是指在不加热也不冷却的常温情况下把轴压入孔中或把套装在轴外面的装配。

6. ［中级］在加热装配中，碳钢的加热温度不应超过(   )℃。

A. 100   B. 150

C. 400   D. 300

【答案】C

【解析】在加热装配中，碳钢的加热温度不应超过400℃。温度过高，零件的内部组织就会改变，且零件容易因变形而影响零件的质量。

7. ［中级］用于两交叉轴传动的联轴器是(   )。

A. 凸缘联轴器   B. 齿轮联轴器

C. 万向联轴器   D 套筒联轴器

【答案】C

【解析】万向联轴器适用于两交叉轴的传动。

8. ［中级］当轴承内圈与转轴装配过盈较大时，装配方法最好采用（　　）。

A. 完全互换法　　　　　　　　B. 温差法

C. 选配法　　　　　　　　　　D. 修配法

【答案】B

【解析】当轴承内圈与转轴装配过盈较大时，装配方法最好采用温差法。采用温差法装配，通过加热胀大包容件或冷却收缩被包容件，或同时加热包容件和冷却被包容件，从而形成装配间隙。

9. ［中级］加热拆卸零件的加热温度约为（　　）℃。

A. 100～120　　　　　　　　B. 200～300

C. 400　　　　　　　　　　　D. 500

【答案】A

【解析】利用金属热胀冷缩的特性，采取加热包容件，或者冷却被包容件的方法来拆卸零件。采用加热拆卸零件时，加热温度一般约为 100～120℃。

10. ［高级］若用多拧紧角度法热装螺杆时，多拧紧角度与（　　）有关。

A. 螺杆长度、螺纹直径

B. 螺杆加热温度、螺纹内径

C. 螺杆直径、螺纹高度

D. 螺杆加热伸长量、螺杆螺距

【答案】D

三、多选题

1. ［初级］螺栓或螺钉联接的防松方法有（　　）。

A. 摩擦防松　　　　　　　　　B. 机械防松

C. 铆冲防松　　　　　　　　　D. 黏合防松

【答案】ABCD

【解析】在冲击、振动或变载荷作用下，以及工作温度变化很大时，螺栓或螺钉联接就有可能回松，为了保证螺栓或螺钉联接紧固的可靠性，防松方法有摩擦防松、机械防松、铆冲防松、粘合防松。

2. ［初级］设备常见的清洗方法有（　　　）。

A. 擦洗　　　　　　　　　　B. 刷洗
C. 浸洗　　　　　　　　　　D. 喷洗
E. 超声波清洗

【答案】ABCDE

【解析】为确保彻底洗净和清除设备及零部件表面的油脂、污物和黏附的机械杂质，根据设备的形状、大小、油垢黏附的严重程度等可以选用的清洗方法有：擦洗、刷洗、浸洗、喷洗和超声波清洗等方法。

3. ［中级］滚动轴承的安装方法有（　　　）。

A. 锤击法　　　　　　　　　B. 热装法
C. 压力机压入法　　　　　　D. 焊接法

【答案】ABC

【解析】根据滚动轴承尺寸、轴承精度、装配要求和设备条件，可以采用手压床和液压机等装配方法。若无条件，可采用适当的套管，用锤子打入，但不能直接敲打轴承。

4. ［中级］零件之间的配合可分为（　　　）、（　　　）、（　　　）三种。

A. 间隙配合　　　　　　　　B. 过盈配合
C. 缝隙配合　　　　　　　　D. 过渡配合

【答案】ABD

【解析】零部件之间的配合，由于工作的情况不同，有间隙配合、过盈配合和过渡配合。

5. ［中级］滚动轴承轴向间隙调整方法主要有（　　　）、（　　　）、（　　　）。

A. 角度调整　　　　　　　　B. 垫片调整

C. 螺钉调整   D. 止推环调整

【答案】BCD

【解析】滚动轴承轴向间隙调整是通过轴承外圈来进行的，主要的调整方法有垫片调整、螺钉调整、止推环调整。

6. ［高级］装配工艺规程必须具有哪些内容？（ ）

A. 规定所有零件和部件的装配顺序

B. 对所有的装配单元和零件规定出既保证装配精度要求，又保证生产率最高和最经济的装配方法

C. 划分工序，确定装配工序内容

D. 确定工人等级和数量

E. 选择确定完成装配工作所必需的工夹具、量具及装配用的设备

F. 确定验收方法和装配技术条件

【答案】ABCEF

【解析】零部件装配前应熟悉相关的装配图和技术文件及要求，了解零部件的结构特点、作用、相互连接关系及连接方式；根据其结构特点和技术要求，确定合适的装配工艺、方法和程序，选择合适的工具、量具及夹具。

四、案例题

1. 在加热一对钢质的轴和孔类零件时，其轴最大直径为250.20mm，孔的最小直径为249.86mm，当室温 $t_H = 20℃$ ，钢的线膨胀系数为 $11×10^{-6}/℃$ 。

1）［中级］计算确定其最低加热温度（A）。

A. 329.26℃   B. 328.21℃

C. 330.12℃   D. 329.87℃

2）［中级］将零部件连接组合成为整台机器的操作过程，称为（C）。

A. 组件装配   B. 部件装配

C. 总装配

3）［中级］用温差法装配的零件比常温下装配的零件的连接

强度小得多。(×)

4) 〔中级〕在加热装配中,碳钢的加热温度不应超过300℃。(×)

5)〔中级〕轴承发热的原因一般有(ABCD)。

A. 滚珠轴承内润滑油过多或过少

B. 润滑油不干净

C. 轴承装配不当

D. 轴承间隙没有调整到规定的标准

2. 某设备的主传动轴滑动轴承装配施工,装配完成后对轴颈与轴瓦的侧间隙可用塞尺检查,轴颈与轴瓦的顶间隙可用压铅法检查。

1)〔高级〕如图所示轴承,其轴颈与轴瓦的顶间隙用压铅法检查,经压铅后测得,轴颈两端铅丝压扁后的厚度分别是:$b_1 = 0.3$mm,$b_2 = 0.32$mm;轴瓦合缝接合面各铅丝压扁后的厚度分别是:$a_1 = 0.28$mm,$a_2 = 0.3$mm,$a_3 = 0.26$mm,$a_4 = 0.29$mm;计算两端顶间隙 S_1 和 S_2 各为多少?(B)

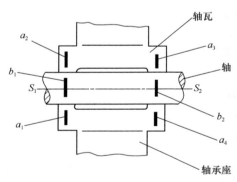

A. $S_1 = 0.087$mm;$S_2 = 0.078$mm

B. $S_1 = 0.087$mm;$S_2 = 0.088$mm

C. $S_1 = 0.087$mm;$S_2 = 0.087$mm

D. $S_1 = 0.088$mm;$S_2 = 0.088$mm

2)〔高级〕轴瓦的刮研顺序是先刮上瓦,后刮下瓦。(×)

3）［高级］滑动轴承的顶间隙小于规定数值时，应在上下轴瓦之间增加垫片。（√）

4）［高级］用塞尺测量滑动轴承的侧间隙，其塞进的长度不应小于轴径的(C)。

A. 1/16
B. 1/8
C. 1/4
D. 1/2

5）［高级］关于整体轴套的装配要求正确的有：（ACD）。

A. 圆柱轴套装入机件后，轴套内径与轴的配合应符合设计要求

B. 圆锥轴套应用着色法检查其内孔与轴颈的接触长度，其接触长度应大于80%，并应靠近大端

C. 轴套装配后，紧定螺钉或定位销的端头，应埋入轴承端面内

D. 装配含油轴套时，轴套端部应均匀受力，并不得直接敲击轴套；轴套与轴颈的间隙宜为轴颈直径的 1‰~2‰。含油轴套装入轴承座时，其清洗油宜与轴套内润滑油相同，不得使用能溶解轴套内润滑油的任何溶剂

第五章　设备安装工艺基础

一、判断题

1．［初级］斜垫铁不能与平垫铁配合使用。

【答案】错误

【解析】斜垫铁应与平垫铁配合使用，是为了在机械设备安装达到所要求的标高和水平的同时，并能将设备的振动均匀传递给基础，以减小设备的振动。

2．［初级］垫铁放置时，应尽量靠近地脚螺栓。

【答案】正确

【解析】垫铁放置时，应尽量靠近地脚螺栓，可以使垫铁能够承担设备的重量的同时承担拧紧地脚螺栓的预紧力。

3. ［初级］就位找正就是要使设备上的定位基准线对准安装基准线或符合规定距离。

【答案】正确

【解析】设备就位找正设备中心通常与设备的吊装就位同时进行，即设备吊装就位时要安放垫铁、安装地脚螺栓，按定位基准线和安装基准线调正设备。

4. ［初级］设备试运转中，首先应注意运转的声音是否正常。

【答案】正确

【解析】设备试运转时首先要保证设备的主运动机构和各运动部件运行平稳正常，如果有不正常的声响，会造成设备的损坏，因此设备试运转中，首先应注意运转的声音是否正常。

5. ［初级］成组螺栓或螺钉紧固时，应按顺序依次拧紧。

【答案】错误

【解析】对成组螺栓或螺钉联接的装配，为了确保紧固的效果，施力要均匀，按一定次序轮流拧紧（一般 2～3 次），如有定位装置（销）时，应先从定位装置（销）附近开始。

6. ［初级］需加热安装的螺栓，加热时宜将螺母拧在螺栓上同时加热。

【答案】正确

【解析】需加热安装的螺栓，为了尽量使螺纹少受热，加热时宜将螺母拧在螺栓上同时加热。

7. ［中级］地脚螺栓的混凝土强度达到 50％以上时，方可进行设备精平工作。

【答案】错误

【解析】为了保证地脚螺栓在混凝土中的锚固强度，地脚螺栓的混凝土强度达到 75％以上时，方可进行设备精平工作。

8. ［中级］大型机械设备常用的搬运方法有拖排搬运、滚杠搬运、滑台轨道搬运。

【答案】正确

【解析】根据设备的重量、现场的施工条件等，大型机械设备常用的搬运方法一般有拖排搬运、滚杠搬运、滑台轨道搬运。

9. ［中级］活动地脚螺栓用来固定工作时有剧烈振动和冲击的重型设备。

【答案】正确

【解析】活动地脚螺栓又称为长地脚螺栓，是一种可拆卸的地脚螺栓，用于固定工作有强烈振动和冲击的重型机械设备。

10. ［中级］设备精平是对设备进行的最后一次检查调整，其结果直接决定安装精度的高低。

【答案】正确

【解析】设备精平是在设备初平的基础上，对设备的水平度、垂直度、平面度、同心度等进行检测和调整，使设备完全达到安装规范规定的精度要求，精平是对设备进行的最后一次全面检查调整，其结果直接决定安装精度的高低。

11. ［高级］灌浆应在气温 0℃以上进行，凡在昼夜间平均室外气温低于 5℃和最低温度低于 0℃时，应采取冬季施工技术措施。

【答案】错误

【解析】为了保证设备灌浆的质量，灌浆应在气温 5℃以上进行，凡在昼夜间平均室外气温低于 5℃和最低温度低于 -3℃时，应采取冬季施工技术措施，如用温水搅拌或掺入一定数量的早强剂等。

12. ［高级］检查标高高于设计标高时，可用扁铲将高出部分铲去。

【答案】正确

【解析】设备基础经检查验收，如发现有不符合要求的部分应进行处理。当基础标高过高时，可用凿子将高出部分凿除；当低于设计标高时，可将原来的基础表面铲出麻面后再补灌同强度的混凝土。

二、单选题

1. ［初级］控制螺栓伸长法，按预紧力要求拧紧后的螺栓长度（　　）拧紧前螺栓长度。

A. 等于　　　　　　　　　　B. 大于

C. 小于　　　　　　　　　　D. 小于或等于

【答案】B

【解析】螺栓预紧力与螺栓伸长呈线性关系，控制螺栓伸长法，按预紧力要求拧紧后的螺栓长度大于拧紧前螺栓长度。

2. ［初级］摩擦防松装置，其中包括（　　）防松。

A. 止动垫片　　　　　　　　B. 双螺母

C. 串联钢丝　　　　　　　　D. 开口锁和带槽螺母

【答案】B

【解析】在冲击、振动或变载荷作用下，以及工作温度变化很大时，螺栓或螺钉联接就有可能回松，为了保证联接可靠，必须采用防松措施。常用的摩擦防松方法有：弹簧垫圈、双螺母等。

3. ［初级］设备基础必须具有足够的（　　）。

A. 强度　　　　　　　　　　B. 刚度

C. 稳定性　　　　　　　　　D. 强度、刚度和稳定性

【答案】D

【解析】为了保证设备安装和运行的安全性、稳定性及可靠性，设备基础必须具有足够的强度、刚度和稳定性。

4. ［初级］平面位置基准线是指（　　）。

A. 横向基准线和标高基准线　B. 纵向基准线和标高基准线

C. 横向和纵向基准线　　　　D. 横向、纵向和标高基准线

【答案】C

【解析】平面位置基准线是指横向和纵向基准线，设备就位找正就是要使设备上的定位基准线对准安装基准线或符合规定距离。

5. ［初级］一般设备安装垫铁布置采用（　　）方式。

A. 十字垫法　　　　　　　　B. 标准垫法

C. 混合垫法　　　　　　　　D. 筋底垫法

【答案】B

【解析】一般设备安装垫铁布置采用标准垫法，这种垫法是将垫铁放在地脚螺栓的两侧，这是放置垫铁的基本做法。

6. ［初级］设备安装时，设备的( )必须同时达到要求。

A. 水平度和垂直度   B. 垂直度和标高

C. 中心和水平度   D. 中心、水平度和标高

【答案】D

【解析】为了保证安装的设备达到规定的技术要求和生产能力，设备安装时，设备的中心、水平度和标高必须同时达到要求。

7. ［中级］二次灌浆时，外侧模板至设备底座面外缘的距离应小于( )mm。

A. 80   B. 60

【答案】B

【解析】二次灌浆时，外侧模板至设备底座面外缘的距离应小于 60mm。

8. ［中级］二次灌浆时，灌浆层的厚度一般不应小于( )mm。

A. 15   B. 25

C. 30   D. 35

【答案】B

【解析】二次灌浆时，灌浆层的厚度一般不应小于 25mm，否则会造成灌浆层空鼓、裂纹等缺陷。

9. ［中级］地脚螺栓应在混凝土强度达到规定强度的( )%以后进行。

A. 55   B. 65

C. 75   D. 85

【答案】C

【解析】为了保证地脚螺栓在混凝土中的锚固强度，地脚螺栓的混凝土强度达到 75% 以上时，方可进行设备精平工作。

10. ［中级］埋设中心标板时，标板顶端应露出( )mm。

A. 1～2   B. 4～6

C. 8～9   D. 10～12

【答案】B

【解析】埋设临时或永久性的中心标板或基准点时，标板顶端应外露 4～6mm，切勿凹入。

11. ［高级］大型机床安装前除对基础检查验收外，一般还要对基础( )处理。

A. 滑洗   B. 修整

C. 凿毛   D. 预压

【答案】D

【解析】对大型设备或高精度设备及冲压设备的基础，应经预压合格，并应有预压及沉降观察记录。

三、多选题

1. ［初级］地脚螺栓一般分为( )、( )和( )三种。

A. 死地脚螺栓   B. 活地脚螺栓

C. 胀锚地脚螺栓   D. 不锈钢地脚螺栓

E. 镀锌地脚螺栓

【答案】A、B、C

【解析】地脚螺栓根据用途及作用可分为死地脚螺栓、活地脚螺栓和胀锚地脚螺栓三种。

2. ［初级］垫铁的布置方法有( )。

A. 十字形垫法   B. 米字形垫法

C. 筋底垫法   D. 辅助垫法

E. 标准垫法

【答案】ACDE

【解析】根据设备底座的形状和地脚螺栓间距，垫铁的布置方法一般有标准垫法、十字形垫法、筋底垫法、辅助垫法和混合垫法。

3. [中级] 设备二次灌浆在(   )，要采取冬季施工技术措施。

A. 昼夜间平均室外气温低于5℃

B. 昼夜间平均室外气温低于-3℃

C. 最低温度低于0℃时

D. 最低温度低于-3℃时

【答案】AD

【解析】为了保证设备二次灌浆的质量，灌浆应在气温5℃以上进行，凡在昼夜间平均室外气温低于5℃和最低温度低于-3℃时，应采取冬季施工技术措施。

四、案例题

1. 某一设备安装时，垫铁的放置采用标准垫法，已知有地脚螺栓6个。

1）[初级] 每组垫铁三块，问共需垫铁多少块？（A）

A. 36   B. 24

C. 18   D. 54

2）[初级] 安装精度要求高的设备的二次灌浆，应在精平后（A）小时内进行。

A. 24   B. 36

C. 48   D. 72

3）[初级] 设备初平后，进行地脚螺栓的灌浆所用水泥的标号应与基础相同。（×）

4）[初级] 在浇灌设备基础的同时将地脚螺栓浇灌好，称为一次灌浆法。（√）

5）[初级] 垫铁按其形状分为（ABCE）。

A. 平垫铁   B. 斜垫铁

C. 开口垫铁   D. 橡胶减震垫铁

E. 可调垫铁

2. 某水源地二级加压泵房离心泵安装施工程序有：基础检查及处理、设备找正找平、二次灌浆和设备试运行。

1)［中级］对 6 台离心泵基础进行检查验收，基础设计标高350mm，实测发现其中有一台水泵基础标高为 385mm，操作人员对其余 5 台水泵基础表面进行铲麻面处理后，并用同强度的混凝土将 5 台基础统一补浇到 385mm。（×）

2)［中级］设备找正找平时，标高和水平度的调整要相互兼顾，同时进行。（√）

3)［中级］联轴器套装装配方法不准确的是：(D)。

A. 一般联轴器和轴为过盈配合，有冷装配法和热装配法

B. 如联轴器直径过小，过盈量又不大时，可采用冷装配法

C. 如联轴器直径较大，过盈量又大时，应采用热装配

D. 如联轴器直径过大，过盈量又大时，可采用冷装配法

4)［中级］设备试运转的步骤说法不正确的是(D)。

A. 先手动，后电动

B. 先点动，后连续

C. 先低速，后中高速

D. 多台联动的设备可以先单台，后多台的联动，也可以多台直接联动运行

5)［中级］设备二次灌浆应在气温 5℃ 以上进行，凡在昼夜间平均室外气温低于 5℃ 和最低温度低于 -3℃ 时，冬季施工可以采取(ABCD)等技术措施。

A. 采用水温不得超过 60℃ 的温水搅拌混凝土

B. 加入早强剂

C. 在混凝土浇捣后，在表面用草帘等保温材料覆盖保养

D. 临时封闭泵房门窗洞口，采用升温措施提高室内温度

第六章　建筑工程常见的设备安装

一、判断题

1.［初级］泵的安装高度应低于规定的最大吸入高度，防止产生"汽蚀"现象。

【答案】正确

【解析】离心泵的汽蚀现象是指被输送液体由于等于或低于泵入口处（实际为叶片入口处）的压力而部分汽化，引起泵产生噪声和振动，严重时泵的流量、压头及效率的显著下降。

2. ［初级］泵试运转时，滑动轴承的温度不应大于 60℃；滚动轴承的温度不应大于 70℃。

【答案】错误

【解析】现行国标《机械设备安装工程施工及验收》GB 50231 规定：轴承、轴承箱和油池润滑油的温升不应超过环境温度 40℃，滑动轴承的温度不应大于 70℃；滚动轴承的温度不应大于 80℃。

3. ［初级］整体出厂的泵在防锈保证期内，只清洗外表。

【答案】正确

【解析】现行国标《机械设备安装工程施工及验收》GB 50231 规定：整体出厂的泵在防锈保证期内，只清洗外表。

4. ［中级］按照其功能的不同，电梯可分为曳引系统、导向系统、门系统、轿厢和对重、电气拖动和控制系统五部分。

【答案】错误

【解析】按照其功能的不同，电梯可分为曳引系统、导向系统、门系统、轿厢和对重、安全装置、电气拖动和控制系统等部分。

5. ［中级］锅炉底座要支撑整个锅炉的重量，同时由于锅炉的温度变化而进行合理膨胀。一般下汽包中间底座为固定支座，其他支座为滑动支座。固定支座在找平找正后可以直接固定，滑动支座安装时要考虑膨胀的方向，安装在滑道的末端，预留出膨胀滑动的间隙。

【答案】正确

【解析】锅炉底座要支撑整个锅炉的重量，同时由于锅炉的温度变化而进行合理膨胀。一般下汽包中间底座为固定支座，其他支座为滑动支座。固定支座在找平找正后可以直接固定，滑动支座安装时要考虑膨胀的方向，安装在滑道的末端，预留出膨胀滑动的间隙。

6. [中级] 当电梯轿厢内载荷大于额定载荷时，满载开关应动作，此时电梯顺向截梯功能取消。

【答案】错误

【解析】当轿内载荷大于额定载荷时，超载开关动作，操纵盘上超载灯亮铃响，且不能关门，电梯不能启动运行。

7. [中级] 制冷系统检漏时，应在规定的试验压力下，用肥皂水或其他发泡剂抹在焊缝、法兰等连接处检查，应无泄露。

【答案】正确

【解析】制冷系统检漏时，应在规定的试验压力下，用肥皂水或其他发泡剂抹在焊缝、法兰等连接处检查，应无泄露。

8. [中级] 泵的隔振器安装位置应正确，各个隔振器的压缩量应均匀一致，其偏差符合随机技术文件的规定。

【答案】正确

9. [高级] 解体出厂的泵组装后，其承压件和管路应进行严密性试验；泵体及其排出管路等试验压力为最大工作压力，并保压 24h，系统无渗漏和泄露。

【答案】错误

【解析】解体出厂的泵组装后，其承压件和管路应进行严密性试验；泵体及其排出管路等试验压力为最大工作压力，并保压 10min，系统无渗漏和泄露；加热、冷却及其夹套等试验压力为最大工作压力，不应低于 0.6MPa，保压 10min 系统无渗漏和泄露。

10. [高级] 电梯装入的对重块数=【轿厢自重＋额定荷重×(0.4～0.5)－对重架重】/单块重量。

【答案】正确

二、单选题

1. [初级] 桥式起重机各机构的动载试运转在全行程上进行，试验载荷为额定起重量的(   )倍，电动起重机累计启动及运行时间不少于 1h。

A. 1. 3   B. 1. 1

【答案】B

【解析】桥式起重机各机构的动载试运转在全行程上进行，试验载荷为额定起重量的 1.1 倍，电动起重机累计启动及运行时间不少于 1h。

2. ［初级］锅炉烘炉后期，取炉墙灰浆样进行含水率分析，在(   )以下时可停止烘炉。

A. 7%   B. 20%

【答案】A

【解析】锅炉烘炉后期，取炉墙灰浆样进行含水率分析，在 7%以下时可停止烘炉。

3. ［中级］敷设轨道时，必须核对起重机的跨度，使两者跨度一致。轨道就位后，调整轨道的中心线位置，对安装基准线水平位置的偏差不应大于(   )mm。

A. 1   B. 10

【答案】B

【解析】敷设轨道时，必须核对起重机的跨度，使两者跨度一致。轨道就位后，调整轨道的中心线位置，对安装基准线水平位置的偏差不应大于 5mm，位置偏差采用钢盘尺加弹簧秤测量，测量时钢盘尺一端挂上弹簧秤，拉紧后记录秤的刻度及尺读数，下一组测量时秤的读数必须相同时钢盘尺的数据才有效。跨度偏差应符合：

① 起重机轨道跨度≤10m，允许偏差±3mm；

② 起重机轨道跨度＞10m，允许偏差≤[±3+0.25(S−10)]且不超过±15mm，式中，S——起重机跨度。

4. ［中级］整体安装的泵，纵向安装水平偏差不应大于(   )，横向安装水平偏差不应大于(   )，在泵的进出口法兰面或其他水平面上进行测量。

A. 1/1000   B. 0.20/1000

C. 0.10/1000   D. 0.05/1000

【答案】C、B

【解析】整体安装的泵纵向安装水平偏差一般不大于 0.10/1000，横向精度比纵向略低，为 0.20/1000，解体安装泵考虑到装配的误差叠加，一般纵横向偏差不大于 0.05/1000。

5. [中级] 试运转的介质宜采用清水；当泵输送介质不是清水时，按介质的密度折算为清水进行试运转，流量不应小于额定值的（　　）；电流不得超过电动机的额定电流。

A. 10%　　　　　　　　　　　　B. 20%

C. 60%　　　　　　　　　　　　D. 80%

【答案】B

【解析】《风机、压缩机、泵安装工程施工及验收规范》GB 50275 规定：当泵输送介质不是清水时，按介质的密度、比重折算为清水进行试运转，流量不应小于额定值的 20%，电流不得超过电动机的额定电流。

6. [中级] 泵在试运转时，润滑油不得有渗漏和雾状喷油；轴承、轴承箱和油池润滑油的温升不应超过环境温度（　　）℃。

A. 40　　　　　　　　　　　　B. 45

C. 70　　　　　　　　　　　　D. 80

【答案】A

【解析】规范 GB 50275 规定：泵在试运转时，润滑油不得有渗漏和雾状喷油；轴承、轴承箱和油池润滑油的温升不应超过环境温度 40℃。

7. [中级] 泵在额定工况下连续运转时间不应少于（　　）min。

A. 30　　　　　　　　　　　　B. 60

C. 90　　　　　　　　　　　　D. 120

【答案】A

【解析】规范 GB 50275 规定：泵在额定工况下连续运转时间不应少于 30min。

8. [中级] 解体出厂的泵组装后，其承压件和管路应进行严密性试验；泵体及其排出管路等试验压力为最大工作压力，并保压（　　），系统无渗漏和泄露。

A. 5min

B. 10min

C. 15min

D. 20min

【答案】B

【解析】《风机、压缩机、泵安装工程施工及验收规范》GB 50275 规定：解体出厂的泵组装后，其承压件和管路应进行严密性试验；泵体及其排出管路等试验压力为最大工作压力，并保压 10min，系统无渗漏和泄露。

9.〔中级〕高速电梯为运行速度（　　）m/s 的电梯。

A. ≤1.0

B. 1.0～2.0

C. ＞2.0～4.0

D. ＞4.0

【答案】C

【解析】高速电梯用于高层和超高层建筑中，电梯速度一般为 2.0～4.0 米/秒。

10.〔中级〕电梯运行时当轿厢内载有（　　）以上的额定载荷时，满载开关应动作，此时电梯顺向截梯功能取消。

A. 70%

B. 90%

C. 100%

D. 110%

【答案】B

【解析】按照电梯满载的规定应是轿厢内的重量加上轿厢重量的总和，因此电梯满载时轿厢内的载荷一般是额定载荷的 90%。

11.〔中级〕电梯超载试验：轿厢加入（　　）额定载荷，断开超载保护电路，由底层至顶层往复运行 30 次，电梯应能可靠地启动、运行和停止，制动可靠。

A. 90%

B. 100%

C. 110%

D. 125%

【答案】C

【解析】按照电梯超载试验的规定，轿厢内的载荷达到额定载荷的 110％时，超载保护启动。

12.［中级］锅炉水压试验时，在汽包上装设两只同等压力表，精度不低于（　　），表盘直径 $\phi150$，表盘量程为试验压力的（　　）倍，并经计量部门校验合格。

A. 1.5 级 　　　　　　　　　　B. 1.8 级

C. 1.0～2.0 　　　　　　　　　D. 1.5～3

【答案】A、D

【解析】压力表精度数越小精度越高，一般试验用压力表等级为 1.5 级，1.8 级不是常用等级；压力表量程一般是试验压力的 1.5～3 倍，为了便于观察和安全读数。

13.［中级］锅炉在试验压力下，保压 20min，保压期间压力下降不超过（　　）MPa，然后降至工作压力时进行全面检查，压力应保持不变。

A. 0.02 　　　　　　　　　　　B. 0.04

C. 0.05 　　　　　　　　　　　D. 0.06

【答案】C

【解析】《锅炉安装工程施工及验收规范》GB 50273—2009 中第 5.0.5 条规定。

14.［高级］烘炉温升控制：第一天烘炉升温控制在不大于（　　）。燃烧强度和温度由节能器后烟温来控制，以后每天的温升不超过 20℃，后期烟温最高不大于 160℃。

A. 20℃ 　　　　　　　　　　　B. 30℃

C. 40℃ 　　　　　　　　　　　D. 50℃

【答案】D

【解析】《锅炉安装工程施工及验收规范》GB 50273—2009 中第 9.2.3 条规定，重型炉墙第一天温升不超过 50℃。

15.［高级］加药一定要在炉内无压力及（　　）水位下进行，打开空气门，锅炉上水至最低可见水位。

A. 低 　　　　　　　　　　　　B. 中

C. 高

【答案】A

【解析】《锅炉安装工程施工及验收规范》GB 50273—2009中第9.3.4条规定，加药时，炉水应在低水位。低水位加药易于加水中和及避免在高水位加药发生危险。

16. [高级] 现场组装的锅炉带负荷连续试运行(   )，整体出厂的锅炉带负荷连续试运行4～24h，并做好试运行记录。

A. 4h   B. 24h

C. 48h   D. 72h

【答案】C

【解析】《锅炉安装工程施工及验收规范》GB 50273—2009中第9.4.5条规定，72h带负荷试运转是石油化工行业试运转达产指标。

17. [高级] 设备试压、煮炉、清洗用水需排放在(   )，经处理、检验合格后才能排出。

A. 下水道   B. 化粪池

C. 隔油池   D. 指定区域

【答案】D

【解析】设备试压、煮炉、清洗用水含药剂、油污等有害物质，必须集中收集经处理、检验合格才能排放。

三、多选题

1. [中级] 电梯的机械安全装置主要有(   )等。

A. 安全触板   B. 厅门锁

C. 限速器   D. 安全钳

E. 缓冲器   F. 限位和极限开关

G. 门区光电装置

【答案】ABCDE

【解析】限位和极限开关、门区光电装置属于电气安全装置，而非机械安全装置。

2. [高级] 泵类设备安装的程序一般包括：(   )。

A. 设备开箱检验   B. 基础验收

C. 设备吊装、初平　　　　　　D. 地脚螺栓灌浆

E. 二次找正，主机与电动机联轴器找正

F. 机泵表面刷漆　　　　　　　G. 试运转

【答案】ABCDEG

【解析】机泵表面刷漆是机泵验收合格试运转后，业主为美观增加的内容，不属于设备安装的施工程序。

3. ［高级］桥式起重机的静载试验按(　　　)要求进行。

A. 起重机大车停放在厂房柱子处

B. 将小车停在起重机的主跨中，无冲击地起升额定起重量1.25 倍的载荷距地面 $100\sim200mm$ 处，悬吊停留 10min，无失稳现象

C. 卸载后，起重机的金属结构无裂纹、焊接开裂、油漆起皱、连接松动和影响起重机性能与安全的损伤，主梁无永久变形

D. 主梁经检验有永久变形时，重复试验不超过 3 次

E. 小车卸载后开到跨端或支腿处，检测起重机主梁的实有上翘度，其值不小于：$0.7\sim0.8S/1000$，S 为起重机的跨度（mm），在主梁跨中 $S/10$ 的范围内测量

【答案】ABCDE

【解析】《起重设备安装工程施工及验收规范》GB 50278—2010 中第 9.3.1 条规定。

四、案例题

1. 某建筑泵房有消防泵、喷淋泵和给水泵等，在设备和设备附属管道系统安装的过程中，一天安装钳工小王路过泵房发现管道工已经开始安装管道，小王便邀请师傅老李前去观察管道安装质量对设备的影响，请老李判断：

（1）判断题

1）［初级］给水泵地脚螺栓孔灌浆完成，混凝土强度达到90%以上，没有进行二次灌浆和精平，待管道部分安装完成后再精平，这样更能够保证设备安装质量。（×）

2)［初级］消防泵进出口管道比较大，管道工采用先焊接管道，待管道连接完成后作支架，更准确、牢固。（×）

（2）单选题

1)［初级］现场取样的压力表开孔应采用（A）。

A. 开孔器机械开孔   B. 气割开空

C. 电弧焊大电流开孔   D. 等离子切割机开孔

2)［中级］泵的附属管道安装，下列说法错误的是（D）。

A. 管子内部和管端应清洗洁净，清除杂物；密封面和螺纹不得损伤

B. 泵的进、出口管道应有各自的支架，泵不得承受管道等的质量

C. 相互连接的法兰端面应平行；螺纹管接头轴线应对中，不应借法兰螺栓或管接头强行连接；泵体不得受外力而变形

D. 压力表、温度计等属于设备厂家提供的新表，不用校验，直接安装

（3）多选题

［初级］由于操作原因，已经造成管道与泵连接后泵的精度发生变化，现在需调整，应按照（ABD）原则进行。

A. 按规范规定

B. 按照泵的原找正精度

C. 不调整管道，重新调整泵的精度

D. 调整管道使泵的精度满足要求

2. 某热力公司 40t/h 热水锅炉在 2017 年响应煤改气的环保政策，锅炉改造中进行水压试验时：

（1）判断题

1)［高级］汽包上装设两只同等压力表，精度不低于 2.5级，表盘直径 Φ150，表盘量程为试验压力的 1.5~3 倍，并经计量部门校验合格。（×）

2)［高级］锅炉试压用水应采用洁净市政供水，水中氯离子

含量不得超过 25ppm。（×）

（2）单选题

1）［高级］按要求锅炉额定功率大于或者等于 0.1MW 的承压热水锅炉属于特种设备，本锅炉热量换算成 MW 应是（B）MW。

A. 10   B. 29

C. 40   D. 4

2）［高级］锅筒工作压力为 0.6MPa，锅炉本体的试验压力为（C）MPa。

A. 0.6   B. 0.75

C. 0.9   D. 1.0

（3）多选题

［高级］锅炉水压试验合格标准（ABCD）。

A. 在试验压力下，保压 20min，保压期间压力下降不超过 0.05MPa，然后降至工作压力时进行全面检查，压力应保持不变

B. 在受压金属元件和焊缝上没有水珠和水雾

C. 水压试验后，没有发现残余变形

D. 水压试验经有关人员进行全面检查合格后，应及时整理记录，办理有关见证手续

第七章　安装钳工作业安全技术规程

一、判断题

1.［初级］使用活扳手，扳口尺寸应与螺帽尺寸相符，如果力矩不足可在手柄上加套管。

【答案】错误

【解析】力矩不足时在活扳手手柄上加套管，使扳口力矩增大，可能引起扳口处的局部应力超过许用应力或者超过活扳手螺旋力，造成扳手打滑、损伤等影响安全使用的伤害。

二、单选题

1. ［初级］握锤的手不准戴（　　），以免手锤飞脱伤人。

A. 戒指　　　　　　　　　　B. 手链

C. 手套

【答案】C

【解析】按照操作规程，握锤的手不准戴手套，防止手套和锤柄在使用时打滑，手锤飞脱。

2. ［初级］使用锉刀锉削工件时清理锉屑，要用（　　）清理。

A. 毛刷　　　　　　　　　　B. 手

C. 嘴

【答案】A

【解析】锉屑为微小铁屑，因此清理锉屑时，用手或嘴吹容易扎手或吹入眼睛，对人造成损害。

3. ［初级］工件快要锯断时，不能用（　　）锯下的部分，以防工件落下砸伤。

A. 手扶住　　　　　　　　　B. 腿顶住

C. 物支撑住

【答案】B

【解析】为防止锯断的工件突然跌落，小工件可以用手扶住，大件用物体支撑，不能用腿顶住工件，防止工件落下砸伤自己。

4. ［初级］钻孔操作者衣袖要扎紧，严禁戴手套，头部不要靠钻头太近，女工必须（　　）。

A. 佩戴手套　　　　　　　　B. 佩戴工作帽

C. 佩戴眼镜

【答案】B

【解析】女工在钻孔作业时须佩戴工作帽，防止头部靠近钻头时，不慎将头发卷入。

5. ［初级］钻孔工件夹持要牢固，一般不可用手直接拿工件钻孔，钻小工件时，应用工具夹持；薄板钻孔时，用虎钳夹紧并在工件下垫好（　　），使用平头钻头。

　　A. 钢板　　　　　　　　　　B. 木板

　　C. 模板　　　　　　　　　　D. 垫板

【答案】B

【解析】薄板钻孔工件下垫设木板，防止钻头钻穿工件时，钻头直接钻在铁的底座或夹紧装置上，损伤钻头和底座。

　　6.［初级］在砂轮机上修磨刮刀时，应站在砂轮机（　　），压力不可过大。

　　A. 上面　　　　　　　　　　B. 下面

　　C. 侧面

【答案】C

【解析】砂轮机旋转时站在砂轮机侧面修磨，可以防止飞屑伤人，并且修磨更易掌握。

　　7.［初级］不能将刮刀插在（　　）内。

　　A. 衣袋　　　　　　　　　　B. 工具柜

　　C. 工具盒

【答案】A

【解析】刮刀属于刀具，插在衣袋内，容易磨穿或刺穿衣袋掉落，对人造成损伤。

　　8.［高级］錾削脆性金属和修磨錾子时，应（　　）。

　　A. 佩戴手套　　　　　　　　B. 佩戴工作帽

　　C. 佩戴眼镜

【答案】C

【解析】佩戴眼镜錾削脆性金属和修磨錾子，防止铁屑钻入眼睛。

　　9.［高级］高空上操作应使用（　　）扳手，作业人员要系好安全带。

　　A. 活　　　　　　　　　　　B. 死

　　C. 管钳　　　　　　　　　　D. 链钳

【答案】B

【解析】高空作业应采用呆扳手、梅花扳手等死扳手，防止活扳手用力时打滑，造成人员高空坠落或扳手掉落打击别人。

10. ［高级］取放垫铁时，手指应放在垫铁的（　　）。

A. 前后侧　　　　　　　　B. 上下侧

C. 两侧

【答案】C

【解析】取放垫铁时，手指放在垫铁的两侧，防止设备突然落下，砸伤手指。

11. ［高级］拆卸设备部件，应放置稳固，装配时，严禁用（　　）插入连接面或探摸螺孔。

A. 手　　　　　　　　　　B. 铜棒

C. 扳手　　　　　　　　　D. 游标卡尺

【答案】A

【解析】装配部件时，严禁用手插入设备连接面或探摸螺孔，防止设备突然运动造成损害。

三、多选题

1. ［初级］设备运转时，不准擦洗和清理、修理，严禁将（　　）伸入机械行程范围内。

A. 头　　　　　　　　　　B. 手

C. 脚　　　　　　　　　　D. 身体

【答案】ABCD

【解析】设备运转时，严禁将身体或其他物体伸入机械行程范围内，防止造成人身或设备损害。

2. ［初级］设备试运转过程中禁止带压（　　），需泄压后进行操作。

A. 观察　　　　　　　　　B. 记录

C. 紧固　　　　　　　　　D. 维修

【答案】CD

【解析】设备试运转过程中需随时观察设备运转情况，定期记录设备各项指标。不得带压紧固或维修，防止意外发生。

3. ［初级］设备清洗、脱脂的场地，要通风良好，严禁烟火。清洗零件最好用煤油，用过的（   ）等应收集在金属容器内，集中处理。

A. 棉纱　　　　　　　　　B. 布头

C. 手套　　　　　　　　　D. 油纸

【答案】ABCD

【解析】设备清洗时用过的棉纱、布头、手套、油纸等必须集中收集、集中处理，防止污染场地和火灾发生。

4. ［初级］检查设备内部，照明要用（   ）。

A. 安全行灯　　　　　　　B. 手电筒

C. 碘钨灯　　　　　　　　D. 日光灯

【答案】AB

【解析】设备内部检查和作业时，一定要用安全电压下的安全行灯或手电筒，防止线路磨损漏电而人员撤离受限，引起人身事故。

5. ［中级］制冷设备充灌制冷剂时，首先充适量制冷剂检漏。一般采用（   ）检漏。

A. 酚酞试纸　　　　　　　B. 卤素喷灯

C. 肥皂水　　　　　　　　D. 卤素检漏仪

【答案】ABCD

【解析】制冷设备的制冷剂能起到降低温度功能，同时制冷剂的泄漏会对环境造成危害，因此采用酚酞试纸、卤素喷灯、肥皂水或卤素检漏仪等进行检漏。

6. ［中级］钳工应认真熟悉施工规范（   ）、施工安全、质量、技术方案和交底等内容。

A. 特种设备法　　　　　　B. 公司规章

C. 质量验收标准　　　　　D. 施工图纸

【答案】CD

【解析】特种设备法是特种设备安装时需遵守的法律，公司规章制度是企业规章。一般安装工程钳工应熟悉的是质量验收规

198

范和施工图纸。

7.〔中级〕施工现场发生事故，事故灾情较小或单一小事故发生，应（   ）。

A. 按应急预案的要求，紧急撤离危险区域

B. 通知上级部门和医疗机构救援

C. 明确现场危险区域、疏散人群、布置岗哨、保护现场，防止非救援人员进入现场

D. 紧急处理灾情

【答案】BD

【解析】发生事故灾情较小或单一小事故时，应通知上级部门知会和医疗救援机构进行救援，紧急处理轻微灾情。A和C是发生大、中事故时的处理措施。

8.〔中级〕钳工在施工过程中，应配合做好工序（   ）记录。

A. 自检   B. 互检

C. 交接检   D. 中间验收

E. 三查四定

【答案】ABC

【解析】三查四定是石油化工工程投料试车和中间交验前进行的"查设计漏项、查工程质量及隐患、查未完工程量，对检查出来的问题；定任务、定人员、定时间、定措施，限期完成"；而钳工安装过程中工序检查包括：自检、互检和交接检查。

四、案例题

1. 2007年6月20日9点30分左右，某机械车间天车工李某准备起吊备件时，发现天车送不上电，就上到大车上部，看到大车南侧拦门开着，此时天车钳工马某正好站在天车南侧检修通道内准备上车巡检。李某让马某把拦门关上，并告知天车准备吊备件。马某上车关上拦门后开始巡检。李某鸣铃警示后开始进行吊备件作业。在吊运的过程中听到马某大喊让停车。停车后发现马某左腿被南侧大车减速机联轴器外露螺栓绞伤。按照"四不放

过"原则分析事故原因和预防措施并判断：

（1）判断题

1）［初级］钳工马某在天车运行过程中巡检，且上天车后未和天车工交待具体巡检事宜，是事故发生的主要原因。（√）

2）［初级］天车工李某在进行起吊作业前观察到天车上有人，作业时未鸣警铃也是本次事故发生的主要原因。（×）

（2）单选题

1）［初级］天车工李某操作正确的是（B）。

A. 李某开车准备起吊时，要求马某关上拦门

B. 李某鸣铃警示后开始进行吊备件作业

C. 李某与马某在起吊前已经沟通协商好

D. 因车间任务紧急，可以李某一边吊运备件，马某一边巡检

2）［中级］机械车间在处理本次事故时，对车间钳工马某的处理不对的是（D）。

A. 要求马某对本次事故写出事故经过

B. 针对本次事故作出书面检查

C. 对马某进行参加岗位安全培训学习处理

D. 因马某在本次事故中承担主要责任，罚款和医疗费相抵，不予认定工伤

（3）多选题

1）［初级］事故的直接原因是（CD）。

A. 天车工李某未取得特种作业上岗证书

B. 钳工马某检修设备时，未停电悬挂明显的检修标志

C. 减速机联轴器螺栓外露，保护罩缺失

D. 天车工李某开车准备起吊时，未要求马某停止巡检、离开行车运行区域，只是要求马某关上拦门

参 考 文 献

［1］ 住房与城乡建设部干部学院．安装钳工［M］．武汉：华中科技大学出版社，2017．

［2］ 徐彬．钳工［M］．北京：机械工业出版社，2013．

［3］ 王新．工程安装钳工［M］．北京：中国环境科学出版社，2005．

［4］ 劳动和社会保障部教材办公室组织编写．机械设备安装工［M］．北京：中国劳动社会保障出版社，2008．

［5］ 中国石油天然气总公司劳资局．工程安装钳工［M］．北京：石油工业出版社，1998．

［6］ 谢忠武，刘勃安，谢英慧等编．石油化工设备安装施工手册［M］．北京：化学工业出版社，2011．

［7］ 樊兆馥．机械设备安装工程手册［M］．北京：冶金工业出版社，2004．

［8］ 廖红盈．城市供热散装燃气热水锅炉安装技术［J］．安装，2016(11)．